对接世界技能大赛技术标准创新系列教材

技工院校一体化课程教学改革电气自动化设备安装与维修专业教材

低压电气控制设备故障诊断与排除

中国劳动社会保障出版社

内容简介

本套教材为对接世赛标准深化一体化专业课程改革电气自动化设备安装与维修专业教材，对接世赛电气装置等项目，学习目标融入世赛要求，学习内容对接世赛技能标准，考核评价方法参考世赛评分方案，并设置了世赛知识栏目。

本书主要内容包括：电动葫芦故障诊断与排除、CA6140普通车床故障诊断与排除、电动卷闸门故障诊断与排除、降压启动排烟风机故障诊断与排除、M7130平面磨床故障诊断与排除等。

图书在版编目（CIP）数据

低压电气控制设备故障诊断与排除 / 人力资源社会保障部教材办公室组织编写．-- 北京：中国劳动社会保障出版社，2021

对接世界技能大赛技术标准创新系列教材　技工院校一体化课程教学改革电气自动化设备安装与维修专业教材

ISBN 978-7-5167-4865-7

Ⅰ．①低…　Ⅱ．①人…　Ⅲ．①低压电器－电气控制装置－故障诊断－技工学校－教材　②低压电器－电气控制装置－故障修复－技工学校－教材　Ⅳ．①TM52

中国版本图书馆CIP数据核字（2021）第155710号

中国劳动社会保障出版社出版发行

（北京市惠新东街1号　邮政编码：100029）

*

北京市白帆印务有限公司印刷装订　　新华书店经销

880毫米×1230毫米　16开本　8.25印张　192千字

2021年9月第1版　　2025年3月第5次印刷

定价：17.00元

营销中心电话：400-606-6496

出版社网址：http://www.class.com.cn

http://jg.class.com.cn

对接世界技能大赛技术标准创新系列教材

编审委员会

主　任：刘　康

副主任：张　斌　王晓君　刘新昌　冯　政

委　员：王　飞　翟　涛　杨　奕　张　伟　赵庆鹏　姜华平
杜庚星　王鸿飞

电气自动化设备安装与维修专业课程改革工作小组

课 改 校：江苏省盐城技师学院　江苏省常州技师学院
黑龙江技师学院　承德技师学院　江西技师学院
青岛市技师学院　开封技师学院　衡阳技师学院
珠海市技师学院

技术指导：雷云涛

编　　辑：范贻潘

本书编审人员

主　　编：朱彦齐

副 主 编：陈贤通　魏福江

参　　编：王枫清　王　亮　廉法威　陈　鹏　高海林　孙　伟　赵淑勋
刘振兴　卫家鹏　翟旭华

审　　稿：许泓泉

序

世界技能大赛由世界技能组织每两年举办一届，是迄今全球地位最高、规模最大、影响力最广的职业技能竞赛，被誉为“世界技能奥林匹克”。我国于2010年加入世界技能组织，先后参加了五届世界技能大赛，累计取得36金、29银、20铜和58个优胜奖的优异成绩。第46届世界技能大赛将在我国上海举办。2019年9月，习近平总书记对我国选手在第45届世界技能大赛上取得佳绩作出重要指示，并强调，劳动者素质对一个国家、一个民族发展至关重要。技术工人队伍是支撑中国制造、中国创造的重要基础，对推动经济高质量发展具有重要作用。要健全技能人才培养、使用、评价、激励制度，大力发展技工教育，大规模开展职业技能培训，加快培养大批高素质劳动者和技术技能人才。要在全社会弘扬精益求精的工匠精神，激励广大青年走技能成才、技能报国之路。

为充分借鉴世界技能大赛先进理念、技术标准和评价体系，突出“高、精、尖、缺”导向，促进技工教育与世界先进标准接轨，完善我国技能人才培养模式，全面提升技能人才培养质量，人力资源社会保障部于2019年4月启动了世界技能大赛成果转化工作。根据成果转化工作方案，成立了由世界技能大赛中国集训基地、一体化课改学校，以及竞赛项目中国技术指导专家、企业专家、出版集团资深编辑组成的对接世界技能大赛技术标准深化专业课程改革工作小组，按照创新开发新专业、升级改造传统专业、深化一体化专业课程改革三种对接转化原则，以专业培养目标对接职业描述、专业课程对接世界技能标准、课程考核与评价对接评分方案等多种操作模式和路径，同时融入健康与安全、绿色与环保及可持续发展理念，开发与世界技能大赛项目对接的专业人才培养方案、教材及配套教学资源。首批对接 19 个世界技能大赛项目共 12 个专业的成果将于 2020—2021 年陆续出版，主要用于技工院校日常专业教学工作中，充分发挥世界技能大赛成果转化对技工院校技能人才的引领示范作用。在总结经验及调研的基础上选择新的对接项目，陆续启动第二批等世界技能大赛成果转化工作。

希望全国技工院校将对接世界技能大赛技术标准创新系列教材，作为深化专业课程建设、创新人才培养模式、提高人才培养质量的重要抓手，进一步推动教学改革，坚持高端引领，促进内涵发展，提升办学质量，为加快培养高水平的技能人才作出新的更大贡献！

2020年11月

电气自动化设备安装与维修专业一体化教学参考书目录（中级阶段）

序号	书名
1	电工基础（第六版）
2	电子技术基础（第六版）
3	机械与电气识图（第四版）
4	机械知识（第六版）
5	电工仪表与测量（第六版）
6	电机与变压器（第六版）
7	安全用电（第六版）
8	电工材料（第五版）
9	电力拖动控制线路与技能训练（第六版）
10	企业供电系统及运行（第六版）
11	电工技能训练（第六版）
12	电子电路基本技能训练

微信扫描二维码
可查看本书配套数字资源

目　录

学习任务一　电动葫芦故障诊断与排除

学习目标

1. 能通过设备维修任务单，明确工作内容及工期要求，勘察现场，与客户、设备操作人员进行有效沟通，了解故障现象，准确获取任务信息。

2. 能查阅设备出厂资料和维修档案，识读电气原理图，熟悉电动葫芦控制功能和性能指标。

3. 能结合电动葫芦控制线路电气原理图，运用逻辑分析法等方法分析故障范围。

4. 能根据任务需要确定人员分工，列举所需仪表、资料、材料、器材，明确工作安排和安全防护措施，合理制订工作计划并呈报。

5. 能按电业安全工作规程、工艺要求和场地情况，运用适当的方法综合分析故障情况，完成故障诊断和排除。

6. 能对恢复正常的设备按相关的技术指标使用仪表进行检测，完成运行测试工作。

7. 能遵循健康和安全标准，遵循规章制度和安全生产程序，设置安全措施，使用适当的个人防护用品；能合理规划工作区域，最大限度地提高效率并保持工作区域的环境卫生。

8. 能规范填写设备维修任务单，交付验收，并归纳总结各类故障状态下电气控制线路维修方法和要点。

9. 能以小组形式，对学习过程和实训成果进行汇报总结，完成对学习过程的综合评价。

建议学时

40 学时

工作情境描述

某机床厂组装车间的电动葫芦通电后不能正常工作，具体现象为提升物体时操作正常，但不能将物体放下。经初步检查，判断为电气控制线路故障。现该项维修任务交由维修班完成，需电气维修人员通过现场勘察，熟悉电动葫芦电气控制线路相关的技术资料，准确判断故障原因，并使用正确的方法及时排除故障，使设备正常运转。

工作流程与活动

1．明确工作任务

2．施工前的准备

3．现场施工

4．工作总结与评价

学习任务一　电动葫芦故障诊断与排除

- 学习活动1　明确工作任务
  - **阅读和填写设备维修任务单**
    - 认识设备维修任务单各部分内容及作用
    - 填写“报修记录”部分
  - **调查故障及勘察施工现场**
    - 与操作者及在场人员沟通
    - 初步检查与测试
  - **获取、查阅设备出厂资料和维修档案**
    - 认识电动葫芦的用途和电路原理
    - 认识电动葫芦的主要运动形式及控制要求
- 学习活动2　施工前的准备
  - **学习故障检修的基本方法**
    - 电压法
    - 电阻法
    - 其他方法
  - **识读电动葫芦电路原理图**
    - 主电路分析
    - 控制电路分析
  - **案例分析（逻辑分析法判断故障范围）**
    - 案例学习
    - 故障分析
  - **制订计划、呈报计划**
- 学习活动3　现场施工
  - **设置安全措施**
  - **排除线路故障**
  - **自检、互检与试车**
  - **工程验收**
    - 小组间交叉验收
    - 填写设备维修任务单
  - **其他故障分析与练习**
    - 故障分析
    - 排故练习
    - 自检和互检
  - **评价**
- 学习活动4　工作总结与评价
  - **经验交流**
  - **成果展示**
  - **综合评价**

学习活动 1　明确工作任务

学习目标

1. 能通过设备维修任务单，明确工作内容及工期要求。

2. 能通过勘察现场，与客户、设备操作人员等有效沟通，了解故障现象，分析故障范围。

3. 能查阅设备出厂资料和维修档案，识读电气原理图，熟悉电动葫芦控制功能和性能指标。

建议学时：12 学时

学习过程

一、阅读和填写设备维修任务单

设备维修任务单是施工作业中的基本单据，明确了该项工作的工作内容、时间要求、相关责任人等信息，电工在进行维修作业前，必须读懂任务单，准确获取该项工作的基本信息。任务单的形式多种多样，通过互联网检索或查阅相关资料，了解常见任务单的样式。

认真阅读工作情境描述，查阅相关资料，依据工作情境的描述或现场观察结果，填写设备维修任务单（表 1-1-1）“报修记录”部分。

表 1-1-1　　设备维修任务单

<table>
<tr><th colspan="6">报修记录</th></tr>
<tr><td>报修部门</td><td></td><td>报修人</td><td></td><td>报修时间</td><td></td></tr>
<tr><td>报修级别</td><td colspan="2">特急☐　急☐　一般☐</td><td>希望完工时间</td><td colspan="2">年　　月　　日以前</td></tr>
<tr><td>故障设备</td><td></td><td>设备编号</td><td></td><td>故障时间</td><td></td></tr>
<tr><td>故障状况</td><td colspan="5">某机床厂组装车间的电动葫芦提升物体操作正常，但不能将物体放下。经维修班组长初步检查，判断为电气控制线路故障，需要对该设备电气线路进行检修</td></tr>
</table>

续表

维修记录					
接单人及时间			预定完工时间		
派工					
故障原因					
维修类别	小修□		中修□	大修□	
维修情况					
维修起止时间			工时总计		
耗材名称	规格	数量	耗材名称	规格	数量
维修人员建议					

验收记录				
验收部门	维修开始时间		完工时间	
	维修结果	验收人： 日期：		
设备部门		验收人： 日期：		

1．设备维修任务单中的“报修记录”部分应该由谁进行填写？描述主要内容。

2．简述设备维修任务单中的“故障状况”部分的作用。

3．设备维修任务单中的“维修记录”部分应该由谁填写？描述主要内容。

4．设备维修任务单中的“验收记录”部分应该由谁填写？描述主要内容。

二、调查故障及勘察施工现场

设备维修部门收到设备报修信息后，首先要由维修人员对故障情况进行确认，确定设备故障维修的复杂程度，对故障简单分类后，制订维修计划。

故障的现象、原因及产生故障前后设备的运行状态、环境变化等因素是分析判断故障的重要依据，调查清楚这些信息才能为排除故障做好准备。查阅资料，回答下列问题：

1．观察和调查故障现象的手段主要有哪些？

2．需要与客户和设备操作人员沟通的问题有哪些？

3．在与相关人员沟通后，还应该进行哪些初步检查？

4．通电试车也是进行故障调查的重要手段之一，进行该项工作应该满足的前提条件和注意事项是什么？

5．设备在维修中要挂设备检修牌，待修设备要挂待修牌，设备维修好后要及时通知生产部门确认接收。

在设备检修过程中，为保证安全，防止无关人员进入检修区域，以及保证检修人员与周围其他运行设备保持足够的间距，一般会将需要检修的设备与其他设备隔离，留有足够的间距，保证检修工作顺利完成。

在勘察现场情况时，要特别关注这些细节，记录现场情况，为施工做好准备。

三、获取、查阅设备出厂资料和维修档案

1．认识电动葫芦的用途和电路原理

电动葫芦（图 1–1–1）是一种由电力驱动的小型起重机，通过接触器控制两台电动机的运行，从而控制吊钩的上下及左右移动，其电路原理如图 1–1–2 所示。

参考资料

电力拖动控制线路与技能训练（第六版）
第三单元课题 5　20/5 t 桥式起重机电气控制线路

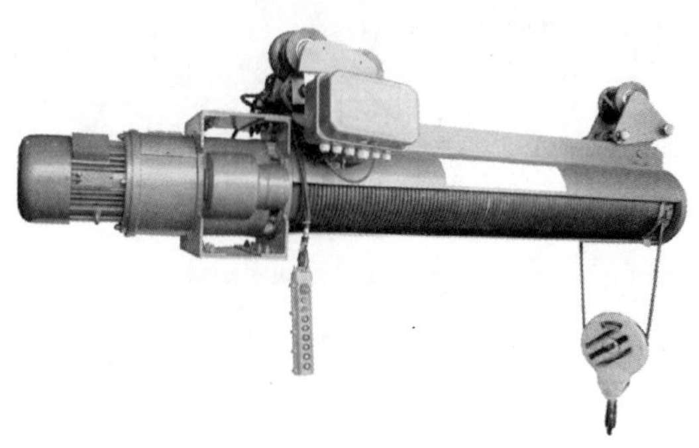

图 1-1-1

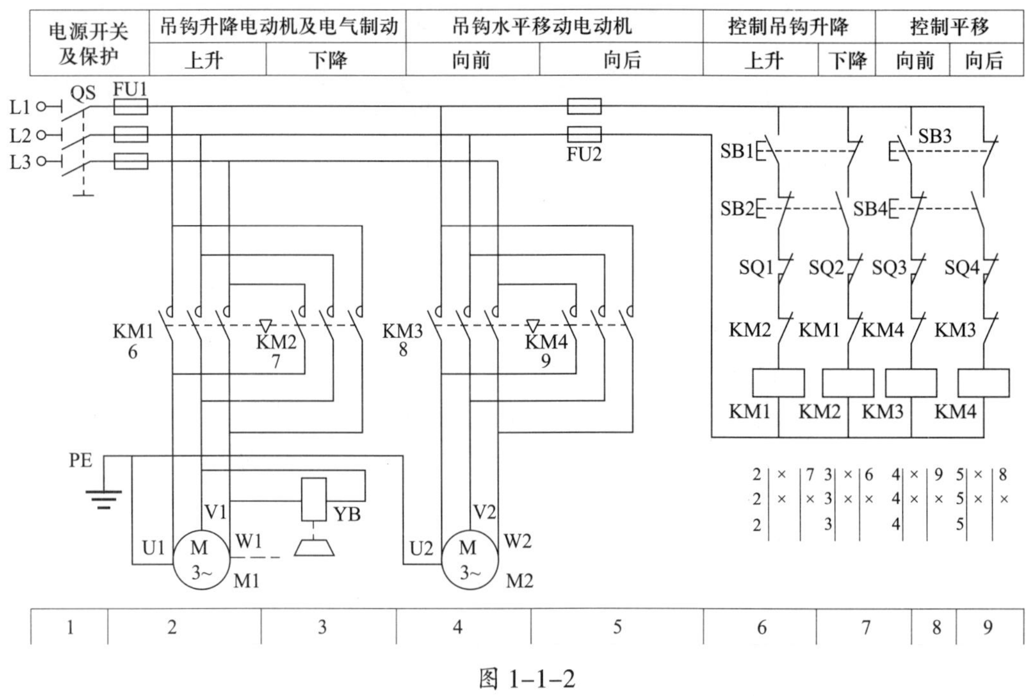

图 1-1-2

通过查阅设备出厂文件等资料回答以下问题:

(1)电动葫芦的主要用途是什么?有什么特点?

(2)电动葫芦主电路采用什么样的供电方式?其电压为多少?

（3）控制电路采用什么样的供电方式？其电压为多少？

（4）主电路和控制电路中各供电电路采用了什么保护措施？保护器件是哪个？

2．认识电动葫芦的主要运动形式及控制要求

查阅相关资料，了解电动葫芦的主要运动形式及控制要求，将表 1–1–2 补全。

表 1–1–2　电动葫芦主要运动形式及控制要求

运动形式	控制要求
吊钩的上下移动及左右移动	

学习活动 2　施工前的准备

学习目标

1. 能识读电气原理图，运用逻辑分析法等方法分析故障范围。

2. 能根据任务需要确定人员分工，列举所需仪表、资料、材料、器材，明确工作安排和安全防护措施，合理制订工作计划并呈报。

建议学时：12 学时

学习过程

一、学习故障检修的基本方法

尽管机床日常维护能够降低电气设备故障的发生率，但也不可能杜绝电气故障的发生。因此，电工除掌握日常维护保养技术外，还必须在电气故障发生后能够采用正确的检修步骤和方法，找出故障点并排除故障。

参考资料

电力拖动控制线路与技能训练（第六版）

第二单元课题 4　三相笼型异步电动机的连续与点动混合正转控制线路

第三单元课题 1　CA6140 型车床电气控制线路

1．图 1–2–1 所示为故障检修的一般步骤，补全空缺的两个步骤。

2．查阅资料，写出判断故障范围的依据。

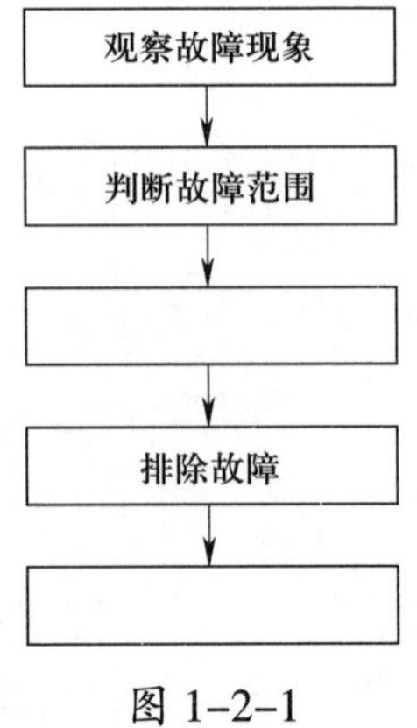

图 1–2–1

3．查找故障点的方法有很多种，使用万用表完成的电压法和电阻法是较为常用的两种方法。查阅相关资料，并通过以下两个简单控制线路的排故练习，掌握这两种检修方法。

（1）电压法

电压法是在给设备或电路通电的情况下，通过测量关键的电压大小并同正常值比较，从而寻找故障点的方法。

触点闭合时，各电器之间的导线上在通电时的电压降接近于零，而用电器、各类电阻、线圈通电时的电压降等于或接近外接电压。根据这一特点，采用电压法检查电路故障很方便。

例如：正常运行时电气元件线圈应有额定电压值，经测量电压为零，则说明线圈所在回路存在故障。

图 1–2–2 所示是用万用表的电压挡查找故障点的方法，先将 L1、L2 之间通入交流 380 V 电源，再把万用表的转换开关置于交流电压 500 V 挡，然后按图示方法进行测量，测量完毕切断 L1、L2 之间的电源。根据表 1–2–1 所列测量结果将表中空白补全。

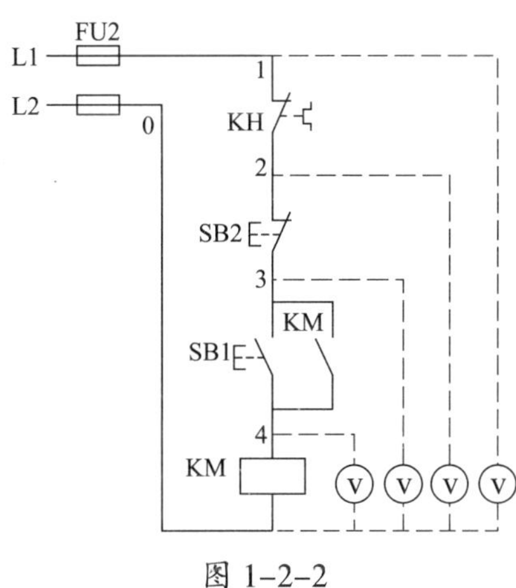

图 1–2–2

表 1–2–1　　电压法查找故障点

<table>
<tr><th>故障现象</th><th>测试状态</th><th>0–2</th><th>0–3</th><th>0–4</th><th>故障点</th></tr>
<tr><td rowspan="4">按下 SB1 时，KM 不吸合</td><td rowspan="4">按下 SB1 不放</td><td></td><td>0</td><td>0</td><td>KH 常闭触头断路</td></tr>
<tr><td>380 V</td><td>0</td><td>0</td><td></td></tr>
<tr><td>380 V</td><td></td><td>0</td><td>SB1 常开触头断路</td></tr>
<tr><td>380 V</td><td>380 V</td><td>380 V</td><td></td></tr>
</table>

（2）电阻法

电阻法是在电路不通电的情况下通过测量电路中元件的电阻值来判断电路故障的方法。

例如：正常情况下，熔断器两端的电阻值应近似为 0，但测量其两端电阻近似为无穷大，则说明熔断器处于断路状态。

图 1–2–3 所示为用万用表的电阻挡查找故障点的方法示意图。先断开 L1、L2 之间的电源，再把万用表

的转换开关置于倍率适当的电阻挡上，然后逐段测量相邻点 1–2、2–3、3–4（测量时由另一人按下 SB2）、4–5、5–6、6–0 之间的电阻。根据测量结果补全表 1–2–2。

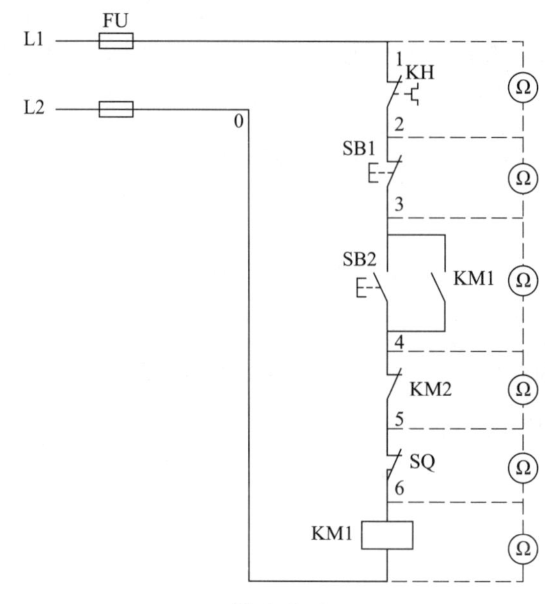

图 1–2–3

表 1–2–2　　电阻法查找故障点

故障现象	测试点	电阻值	故障点
按下 SB2 时，KM1 不吸合	1–2	∞	
	2–3	∞	
	3–4	∞	
	4–5	∞	
	5–6	∞	
	6–0	∞	

（3）电压法和电阻法在应用场合、操作方法、应用注意事项等方面，各有什么区别?

（4）除了以上两种方法外，常用的查找故障点的方法还有直观法、短接法、强迫闭合法、置换元件法、对比法、逐步开路法（或接入）法等。查阅相关资料，简要说明。

二、识读电动葫芦电路原理图

1．电动葫芦主电路分析

参考资料
电力拖动控制线路与技能训练（第六版）
第二单元课题 5　三相笼型异步电动机的正反转控制线路

电动葫芦的电路原理图如图 1–1–2 所示，其中主电路部分如图 1–2–4 所示。

如图 1–2–4 所示，三相电源 L1、L2、L3 通过组合开关 QS 接入。M1 是吊钩升降电动机，用接触器 KM1、KM2 控制它的正反转，用于提起和放下重物；M2 是吊钩水平移动电动机，用 KM3、KM4 控制它的正反转，用于使电动葫芦前后移动。YB 是三相断电型电磁制动器，查阅资料，简述其工作原理。

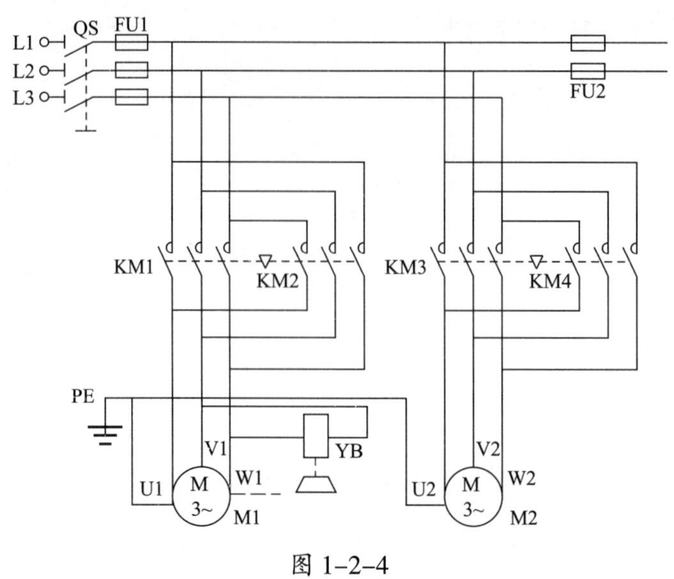

图 1-2-4

2．电动葫芦控制电路分析

吊钩升降电动机 M1 和吊钩水平移动电动机 M2 的控制电路是按钮及接触器双重联锁正反转控制电路，点动控制。识读图 1-2-5，回答以下问题。

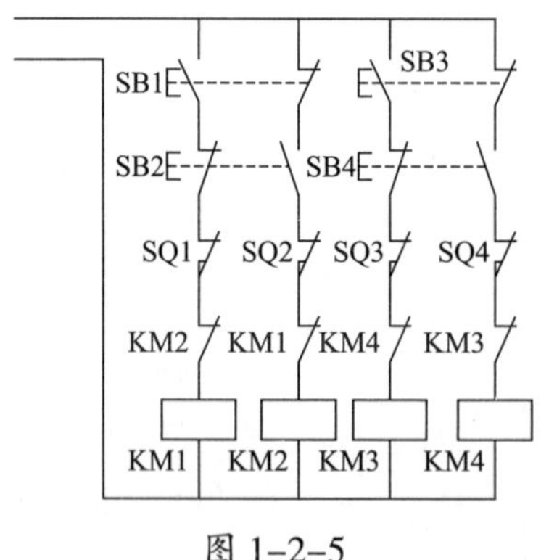

图 1-2-5

（1）简述吊钩升降电动机控制电路的工作原理。

（2）简述吊钩水平移动电动机控制电路的工作原理。

三、案例分析（逻辑分析法判断故障范围）

检修简单的电气控制线路时，若采取每个电气元件、每根连接导线逐一检查的方法，也是能够找到故障点的，但遇到复杂线路时，这样不仅需耗费大量的时间，而且也容易漏查。因此，根据电器的工作原理和故障现象，采用逻辑分析确定故障可能发生的范围，提高检修的针对性，可达到既准又快的效果。

当故障的可能范围较大时，可在故障范围内的中间环节寻找突破口，进一步判断故障究竟在哪一部分，从而通过逻辑推理，合理缩小故障范围。

【案例 1】

故障现象：按下 SB1 按钮，KM1 线圈不吸合，吊钩升降电动机不启动；按下 SB2 按钮，KM2 线圈不吸合，吊钩升降电动机不启动。

故障检修流程如下：

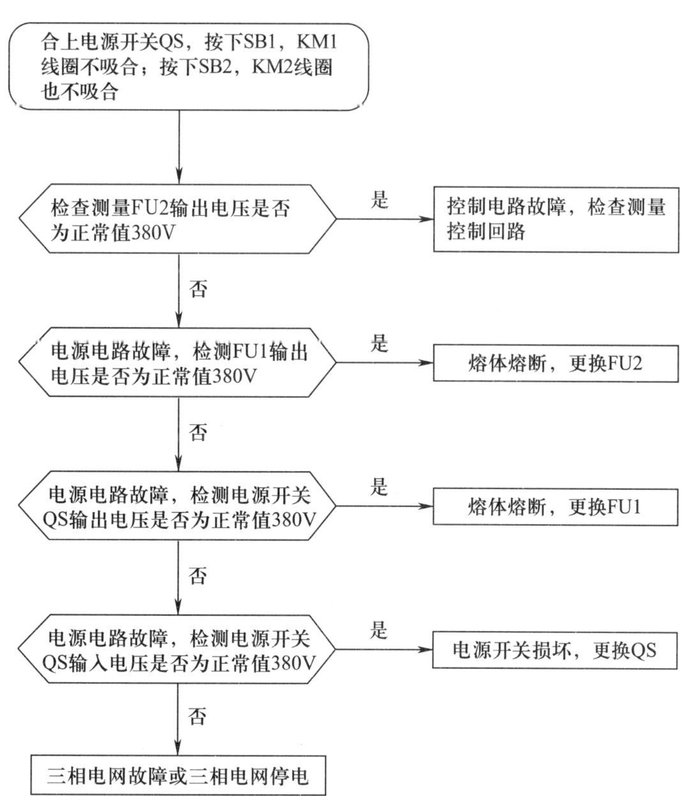

【案例 2】

故障现象：按下 SB1 按钮，KM1 线圈吸合，吊钩升降电动机发出“嗡嗡”响声，但不启动。

故障检修流程如下：

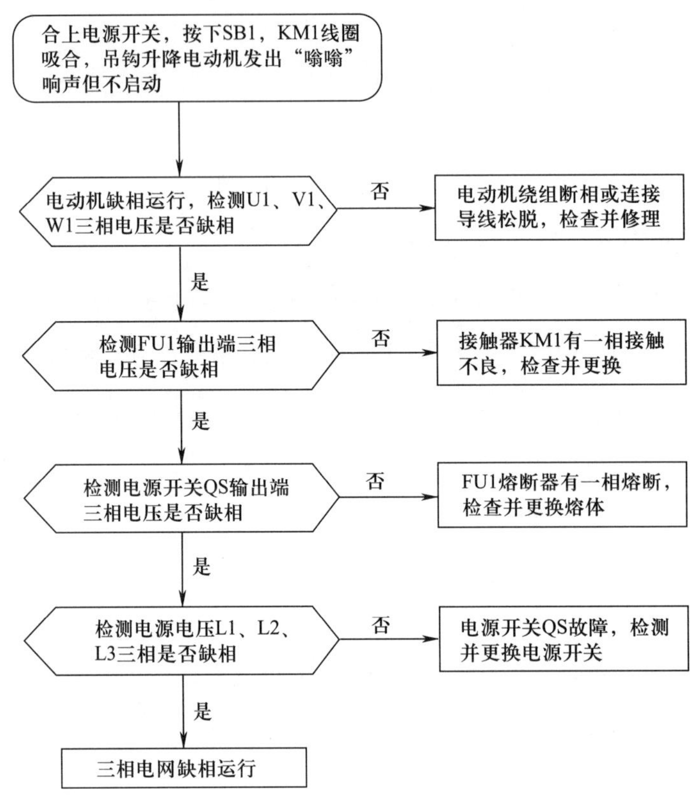

运用逻辑分析法判断故障范围，可避免盲目性，缩短检修时间。接着选用适当的检修方法，根据实际走线路径，依次在故障范围内逐点找出故障点，即可排除故障。

结合现场勘察情况，分析本任务可能的故障原因，以及进一步检查的部位，为制订检修计划和排除故障做好准备。将分析结果填入表 1-2-3。

表 1-2-3　故障分析

故障现象	可能的故障原因	待查部位和检查内容

四、制订计划、呈报计划

在检修故障时应该遵循“观察和调查故障现象→分析故障原因→确定故障的具体部位→排除故障→检验试车”的步骤。依此，制订故障检修工作计划并按流程呈报计划书。

“电动葫芦故障诊断与排除”工作计划书

1．人员分工

（1）小组负责人：________________

（2）小组成员及分工

姓名	分工

2．工具及材料清单

工具	电工通用工具（1套）、专用工具（如手电钻、压线钳、各种扳手等）				
仪表	兆欧表（500 V）、钳形电流表、万用表				
资料	任务单、出厂资料、维修档案、施工图纸、维修计划模板、维修记录模板、电业安全工作规程、电工手册、电气安装施工规范等资料				
材料	导线、控制器件、保护器件、线槽、线管、绝缘材料、劳保用品、安全警示牌、警戒围栏				
器材	代号	名称	型号	规格	数量

3．工序及工期安排

序号	工作内容	完成时间	备注
1			
2			
3			
4			
5			

4．安全防护措施

学习活动3　现 场 施 工

学习目标

1. 能按电业安全工作规程、工艺要求和场地情况，运用观察法、替换法、测量法等多种方法综合分析故障情况，熟练使用测试工具测量设备诊断故障，并用正确方法排除。

2. 能对恢复正常的设备按相关的技术指标使用仪表进行检测，完成运行测试工作。

3. 能遵循健康和安全标准，遵循规章制度和安全生产程序，设置安全措施、使用适当的个人防护用品；能合理规划工作区域，最大限度地提高效率并保持工作区域的环境卫生。

4. 能规范填写设备维修任务单，交付验收，并归纳总结各类故障状态下电气控制线路维修方法和要点。

建议学时：12 学时

学习过程

一、设置安全措施

1．在检修设备过程中，为保证安全，防止无关人员进入检修区域，以及提醒检修人员与周围其他运行设备保持足够的间距，一般会将需检修设备与其他设备隔离，保留足够的间距，保证检修工作顺利完成。简述本小组在检修前采取的安全措施。

参考资料
电力拖动控制线路与技能训练（第六版）
第三单元课题 1　CA6140 型车床电气控制线路

2．检修设备时，为防止操作人员不明情况而启动或操作机床，应在床身上悬挂什么标识牌？

二、排除线路故障

1．根据上一活动中的初步判断，采用适当的检查方法，找出故障点并排除。在排除故障过程中，应严格执行安全操作规范，文明作业、安全作业，注意遵循健康和安全标准、遵循规章制度和安全生产程序，正确使用个人防护用品，并能合理规划工作区域，最大限度地提高效率、保持工作区域的环境卫生。

将测试内容、测试结果、结论和下一步措施记录在表 1–3–1 中。

表 1–3–1　　　线路故障排除记录

步骤	测试内容	测试结果	结论和下一步措施
1			
2			
3			

例如：对于“电动葫芦基本动作正常，但向前移动到终端位置不能自动停车”的故障现象，实际检修过程的记录见表 1–3–2。

表 1–3–2　　线路故障排除记录示例

步骤	测试内容	测试结果	结论和下一步措施
1	按下 SB3，电动葫芦向前移动到终端位置，观察行程开关 SQ3 是否被压下	行程开关 SQ3 正常压下	可初判其常闭触点不能断开
2	用电阻法检查常闭触点	SQ3 常闭触点不能断开	更换 SQ3

2．故障排除后，应当做哪些工作？

三、自检、互检与试车

故障检修完毕后，在教师允许下通电试车，在小组内进行自检、互检，在表 1–3–3 中记录自检和互检的情况。

表 1–3–3　　自检和互检记录

故障范围是否正确		检修方法是否正确		是否修复故障	
自检	互检	自检	互检	自检	互检

四、工程验收

1．在验收阶段，各小组派出代表进行交叉验收，将发现的问题记录在表 1–3–4 中。

表 1–3–4　　验收过程问题记录表

验收问题记录	整改措施	完成时间	备注

2．以小组为单位认真填写表 1–1–1 设备维修任务单中“维修记录”和“验收记录”部分的内容。

五、其他故障分析与练习

1．除了本任务工作情境中涉及的故障现象，实际工作中，还可能出现其他各式各样的故障现象。表 1–3–5 列出了几种典型的故障现象，查询相关资料，分析故障原因、判断故障范围、简述处理方法，记录在表 1–3–5 中，并在教师指导下进行实际排故训练。

表 1–3–5　　典型故障示例

故障现象描述	处理方法	分析原因	故障范围
按下 SB1 按钮，KM1 线圈不吸合，吊钩升降电动机不启动			
按下 SB3 按钮，KM3 线圈不吸合，吊钩水平移动电动机不启动			
按下 SB1 按钮，KM1 线圈吸合，吊钩升降电动机发出“嗡嗡”响声但不启动			
按下 SB4 按钮，KM4 线圈吸合，吊钩水平移动电动机发出“嗡嗡”响声但不启动			

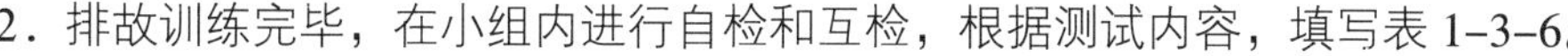

2．排故训练完毕，在小组内进行自检和互检，根据测试内容，填写表 1–3–6。

表 1–3–6　自检和互检记录

序号	故障现象	故障范围是否正确		检修方法是否正确		是否修复故障	
		自检	互检	自检	互检	自检	互检
1							
2							
3							
4							

六、评价

世界技能大赛电气装置项目要求选手在通电前对线路进行自检并完成接地与绝缘测试报告，并能对线路存在的故障进行诊断与排除。通过后续任务的深入学习，应逐步具备以下能力：

（1）测试电气装置并能确定短路、开路、极性错误、绝缘电阻故障、接地连续性故障、设备设置不正确等故障。

（2）诊断电气装置并确定故障原因，如接触不良、接线不正确、高电阻环路阻抗、设备故障等。

（3）正确使用、检查和校准测量设备，如绝缘电阻测试仪、连续性测试仪、万用表、网络测试仪等。

查阅资料进一步了解相关内容，参考世界技能大赛的评价标准、理念，按照表 1–3–7 所示评分标准进行评分。

表 1-3-7　　评分表

评价内容		配分	Y/N	得分
安全文明	施工过程中无违规操作	10		
	施工过程中始终保持场地整洁，施工结束后场地整理干净	2		
试车检查	无短路或接地错误	2		
	通电检查时安全操作	2		
	控制电路试车	3		
	主电路加电试车	3		
故障分析	标出最小故障范围	6		
	故障分析思路清楚	6		
故障排除	排除故障点	5		
	扩大故障范围或产生新的故障后，自行修复	5		
	不损坏电动机或工具	6		
	不损坏元器件	6		
	排除故障方法正确	5		
终端恢复	配电箱所有导线恢复牢固且正确终止，无露铜	2		
	配电箱布线恢复整齐美观	2		
功能恢复	设备正常运转无故障	30		
	故障未排除的，及时独立发现问题并解决	5		
合计				

学习活动 4　工作总结与评价

学习目标

1. 能以小组形式对学习过程和实训成果进行汇报总结。

2. 完成对学习过程的综合评价。

建议学时：4 学时

学习过程

一、经验交流

任务完成后，进行班内、组内交流，总结经验，提高知识、技能和职业素养，将主要内容记录下来。

1．你在“电动葫芦故障诊断与排除”任务中学到了哪些知识和技能？简要记录在表 1–4–1 中。

表 1–4–1　本任务所学主要知识和技能

知识	技能

2．你所在的小组在检修工作过程中存在哪些不足？需如何改进？简要记录在表 1–4–2 中。

表 1–4–2　　不足之处及改进措施

不足之处	改进措施

3．班内、组内经验交流，将要点记录在表 1–4–3 中。

表 1–4–3　　班内、组内经验交流记录

工作经验交流	合理化建议

二、成果展示

在世界技能大赛中，要求选手具有一定的组织规划、沟通、创新等能力，这些能力在日常工作中也是十分必要的。以小组为单位，选择演示文稿、展板、海报、视频等形式中的一种或几种，向全班展示、汇报学习成果。

三、综合评价

参考世界技能大赛的评价标准、理念，针对本任务的学习情况，根据表 1-4-4 所列综合评价标准进行评分。

表 1-4-4　　综合评价

<table>
<tr><th rowspan="2">评价项目</th><th rowspan="2">评价内容及标准</th><th rowspan="2">配分</th><th colspan="3">评分</th></tr>
<tr><th>自我评价</th><th>小组评价</th><th>教师评价</th></tr>
<tr><td rowspan="3">工作组织和管理</td><td>团队合作，合理计划，高效管理时间</td><td>3</td><td></td><td></td><td></td></tr>
<tr><td>定期检查工作进展和成果</td><td>3</td><td></td><td></td><td></td></tr>
<tr><td>保证高质量完成工作</td><td>4</td><td></td><td></td><td></td></tr>
<tr><td rowspan="2">沟通能力</td><td>深度咨询客户，完全理解其要求</td><td>5</td><td></td><td></td><td></td></tr>
<tr><td>提供明确说明，为客户提供书面报告</td><td>5</td><td></td><td></td><td></td></tr>
<tr><td rowspan="2">计划创新能力</td><td>定期检查工作，最小化问题</td><td>5</td><td></td><td></td><td></td></tr>
<tr><td>提出创新性、可行性建议，提高客户满意度</td><td>5</td><td></td><td></td><td></td></tr>
<tr><td rowspan="2">故障诊断能力</td><td>根据设备控制要求，准确确定故障类型、范围</td><td>20</td><td></td><td></td><td></td></tr>
<tr><td>根据设备技术资料正确分析故障原因</td><td>30</td><td></td><td></td><td></td></tr>
<tr><td rowspan="2">排除故障能力</td><td>正确使用、测试、校准测量设备</td><td>5</td><td></td><td></td><td></td></tr>
<tr><td>按照国家标准完成设备线路维修</td><td>15</td><td></td><td></td><td></td></tr>
<tr><td>学生姓名</td><td></td><td colspan="2">综合评价得分</td><td colspan="2"></td></tr>
<tr><td>指导教师</td><td></td><td colspan="2">日期</td><td colspan="2"></td></tr>
</table>

世赛知识

世界技能大赛发展史

世界技能大赛已经有七十多年的历史，最早的比赛始于西班牙。

1946 年，西班牙国内技术工人大量短缺，为应对这一困境，时任西班牙青年组织总干事的何塞·安东尼奥·埃尔拉·奥拉索（José Antonio Elola Olaso）萌生了以职业技能竞赛吸引年轻人接受职业教育的想法。在他的授意下，时任西班牙最大技能培训中心负责人的弗朗西斯科·阿尔伯特·维达（Francisco Albert-Vidal）和其他几位同事一起，将这一想法变为了现实。他提出通过组织这项特别的行动来激发年轻人学习技能的激情，并使得他们的父母、老师和雇主相信：良好的技能训练也可以为年轻人带来光明的未来。在他的带领下，西班牙于 1947 年进行了第 1 次尝试——在国内成功举办了第 1 届全国职业技能大赛，共有约 4 000 名学徒参与其中。

随后，经过一系列努力，1950 年，西班牙与葡萄牙携手，在西班牙马德里举办了第 1 届世界技能大赛，世界技能大赛的帷幕正式拉开。作为当今世界最负盛名的技能赛事，世界技能大赛最初的赛事规模并不宏大，只有来自两个国家的 24 名青年技术工人参加。与此同时，两国在西班牙创立了世界技能组织的前身——“国际职业技能训练组织”（International Vocation Training Organization，IVTO）。

1953 年，在西班牙的邀请下，德国、英国、法国等欧洲国家纷纷加入“国际职业技能训练组织”。1954 年，由各成员选派的行政代表和技术代表组成的组委会成立，专门负责制订和完善竞赛规则，这种模式沿用至今。从 20 世纪 60 年代起，日本、韩国等亚洲国家也先后加入。来自全球不同国家和地区的不同肤色的选手纷纷登上世界技能大赛的舞台，赛事规模日益壮大。时至今日，世界技能大赛已成为真正的世界级技能竞技比赛，世界技能组织各成员国家和地区的青年技术人才齐聚一堂，展示、交流各自的技能，相互学习彼此的经验，分享胜利的喜悦。

1955—1971 年，世界技能大赛每年举办一届，自 1971 年起，基本稳定为每两年举办一届。经过 69 年的发展，世界技能大赛的参赛规模从 1950 年 2 个参赛队 24 名参赛选手发展到 2019 年 69 个参赛队 1 355 余名参赛选手。2019 年 8 月 22–27 日在俄罗斯喀山举办的第 45 届世界技能大赛是迄今为止规模最大的技能竞赛。

学习任务二　CA6140 普通车床故障诊断与排除

学习目标

1. 能通过设备维修任务单，明确工作内容及工期要求，勘察现场，与客户、设备操作人员进行有效沟通，了解故障现象，准确获取任务信息。

2. 能查阅设备出厂资料和维修档案，识读电气原理图，熟悉 CA6140 普通车床的结构、功能、主要运动形式和控制要求。

3. 能结合 CA6140 普通车床电气控制线路原理图，运用逻辑分析法等方法分析故障范围。

4. 能根据任务需要确定人员分工，列举所需仪表、资料、材料、器材，明确工作安排和安全防护措施，合理制订工作计划并呈报。

5. 能按电业安全工作规程、工艺要求和场地情况，运用适当的方法综合分析故障情况，完成故障诊断和排除。

6. 能对恢复正常的设备按相关的技术指标使用仪表进行检测，完成运行测试工作。

7. 能遵循健康和安全标准，遵循规章制度和安全生产程序，设置安全措施、使用适当的个人防护用品；能合理规划工作区域，最大限度地提高效率并保持工作区域的环境卫生。

8. 能规范填写设备维修任务单，交付验收，并归纳总结各类故障状态下电气控制线路维修方法和要点。

9. 能以小组形式，对学习过程和实训成果进行汇报总结，完成对学习过程的综合评价。

建议学时

40 学时

工作情境描述

某加工厂生产车间型号为 CA6140 的普通车床使用中出现故障，现象为通电后主轴电动机不能正常启动。经初步检查，判断为电气控制线路的故障。现该项维修任务交由维修班完成，需电气维修人员通过现场勘察，熟悉 CA6140 普通车床电气控制线路的工作原理，结合电气原理图、布置图、接线图等技术资料准确判断故障原因，并使用正确的方法及时排除故障，使设备正常运转。

工作流程与活动

1．明确工作任务

2．施工前的准备

3．现场施工

4．工作总结与评价

- 学习任务二　CA6140普通车床故障诊断与排除
  - 学习活动1　明确工作任务
    - **阅读和填写设备维修任务单**
    - **调查故障及勘察施工现场**
    - **获取、查阅设备出厂资料和维修档案**
      - 认识CA6140普通车床的结构
      - 认识CA6140普通车床的运动形式及控制要求
  - 学习活动2　施工前的准备
    - **识读CA6140普通车床电气控制线路原理图**
      - 主电路分析
      - 控制电路分析
      - 其他辅助电路分析
    - **案例分析（逻辑分析法判断故障范围）**
      - 案例学习
      - 故障分析
    - **制订计划、呈报计划**
  - 学习活动3　现场施工
    - **设置安全措施**
    - **排查线路故障**
    - **自检、互检与试车**
      - 自检试车
      - 小组内互检
    - **工程验收**
      - 小组间交叉验收
      - 填写设备维修任务单
    - **其他故障分析与练习**
      - 故障分析
      - 排故练习
      - 自检和互检
    - **评价**
  - 学习活动4　工作总结与评价
    - **经验交流**
    - **成果展示**
    - **综合评价**

学习活动 1　明确工作任务

学习目标

1. 能通过设备维修任务单，明确工作内容及工期要求。

2. 能通过勘察现场，与客户、设备操作人员等有效沟通，了解故障现象，分析故障范围。

3. 能查阅设备出厂资料和维修档案，识读电气原理图，熟悉 CA6140 普通车床的结构、功能、主要运动形式和控制要求。

建议学时：6 学时

学习过程

一、阅读和填写设备维修任务单

认真阅读工作情境描述，查阅相关资料，依据工作情境的描述或现场观察结果，填写设备维修任务单（表 2-1-1）“报修记录”部分。

表 2-1-1　设备维修任务单

报修记录					
报修部门		报修人		报修时间	
报修级别	特急□　急□　一般□		希望完工时间	年　月　日以前	
故障设备		设备编号		故障时间	
故障状况					

续表

<table>
<tr><th colspan="6">维修记录</th></tr>
<tr><td>接单人及时间</td><td colspan="2"></td><td>预定完工时间</td><td colspan="2"></td></tr>
<tr><td>派工</td><td colspan="5"></td></tr>
<tr><td>故障原因</td><td colspan="5"></td></tr>
<tr><td>维修类别</td><td colspan="5">小修□ 中修□ 大修□</td></tr>
<tr><td>维修情况</td><td colspan="5"></td></tr>
<tr><td>维修起止时间</td><td colspan="2"></td><td>工时总计</td><td colspan="2"></td></tr>
<tr><td>耗材名称</td><td>规格</td><td>数量</td><td>耗材名称</td><td>规格</td><td>数量</td></tr>
<tr><td></td><td></td><td></td><td></td><td></td><td></td></tr>
<tr><td></td><td></td><td></td><td></td><td></td><td></td></tr>
<tr><td></td><td></td><td></td><td></td><td></td><td></td></tr>
<tr><td>维修人员建议</td><td colspan="5"></td></tr>
<tr><th colspan="6">验收记录</th></tr>
<tr><td rowspan="2">验收部门</td><td>维修开始时间</td><td></td><td>完工时间</td><td colspan="2"></td></tr>
<tr><td>维修结果</td><td colspan="4">验收人： 日期：</td></tr>
<tr><td colspan="2">设备部门</td><td colspan="4">验收人： 日期：</td></tr>
</table>

二、调查故障及勘察施工现场

设备维修部门收到设备报修信息后，首先要由维修人员对故障情况进行确认，确定设备故障维修的复杂程度，对故障简单分类后，制订维修计划。

参照上一任务进行调查及勘察，采用了哪些手段？进行了哪些操作？获取了哪些信息？为下一步工作做了哪些准备？简要记录下来。

> **参考资料**
> **电力拖动控制线路与技能训练（第六版）**
> 第三单元课题 1　CA6140 型车床电气控制线路

三、获取、查阅设备出厂资料和维修档案

车床是一种应用极为广泛的金属切削机床。它能完成车内圆、车外圆、车端面、车螺纹、钻孔、镗孔、倒角、割槽及切断等加工，常用于机械制造业的单件、小批生产。

参考资料
电力拖动控制线路与技能训练（第六版）
第三单元课题 1　CA6140 型车床电气控制线路

在前一门“低压电气控制设备安装与维护”课程中已经学习过了 CA6140 普通车床的基本知识，回顾所学内容，回答下列引导问题。

1．CA6140 普通车床是机械加工中应用较广的一种，图 2–1–1 所示为 CA6140 普通车床外形及结构。它主要由床身、主轴箱、进给箱、溜板箱、刀架、卡盘、尾架、丝杠和光杠等部分组成。写出图 2–1–1 中各个数字所指示部位的名称。

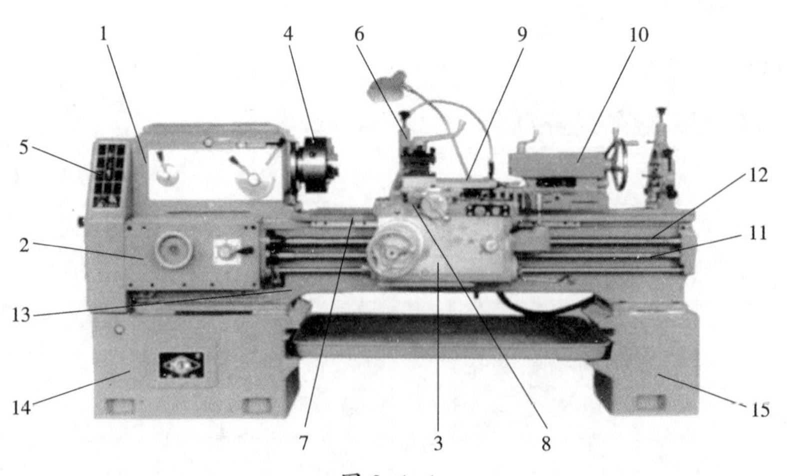

图 2–1–1

2．查阅相关资料，观察图 2–1–2 所示 CA6140 普通车床的操作手柄，补全表 2–1–2 中的内容。

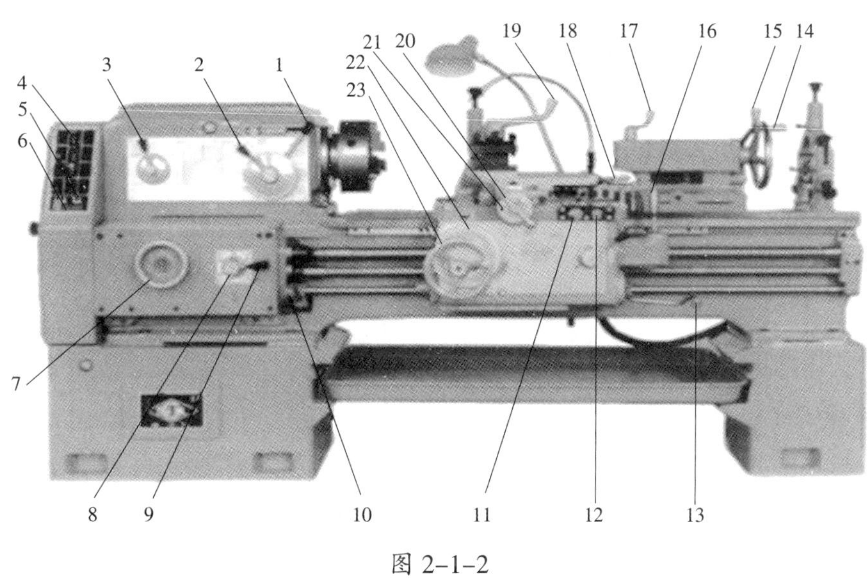

图 2–1–2

表 2–1–2　　　　　　　　　　CA6140 普通车床的操作手柄

图上编号	名称	图上编号	名称
1，2	主轴变速（长、短）手柄	14	尾座套筒移动手轮
3	加大螺距及左、右螺纹变换手柄	15	尾座快速紧固手柄
4		16	
5		17	尾座套筒固定手柄
6		18	小滑板移动手柄
7，8	进给量和螺距变换手轮、手柄	19	刀架转位及固定手柄
9	螺纹种类及丝杠、光杠变换手柄	20	中滑板手柄
10，13		21	中滑板刻度盘
11		22	床鞍刻度盘
12		23	床鞍手轮

3．查阅相关资料，观察 CA6140 普通车床的主要运动形式及控制要求，补全表 2–1–3 中的内容。

表 2–1–3　　车床主要运动形式及控制要求

运动种类	运动形式	控制要求
主运动	主轴通过卡盘或顶尖带动工件的旋转运动	
进给运动	刀架带动刀具的直线运动	
辅助运动	刀架的快速移动	
	尾架的纵向移动	
	工件的夹紧与放松	
	加工过程的冷却	

学习活动 2　施工前的准备

学习目标

1. 能识读 CA6140 普通车床电气控制线路原理图，运用逻辑分析法等方法分析故障范围。

2. 能根据任务需要确定人员分工，列举所需仪表、资料、材料、器材，明确工作安排和安全防护措施，合理制订工作计划并呈报。

建议学时：12 学时

学习过程

参考资料

电力拖动控制线路与技能训练（第六版）

第二单元课题 1　CA6140 型车床电气控制线路

一、识读 CA6140 普通车床电气控制线路原理图

识读图 2–2–1 所示 CA6140 普通车床电气控制线路原理图，分析各个控制环节的原理及作用，并回答后面的问题。

1．在图 2–2–1 中圈出主电路、控制电路、照明与信号电路的范围。

2．分析主电路的工作原理。

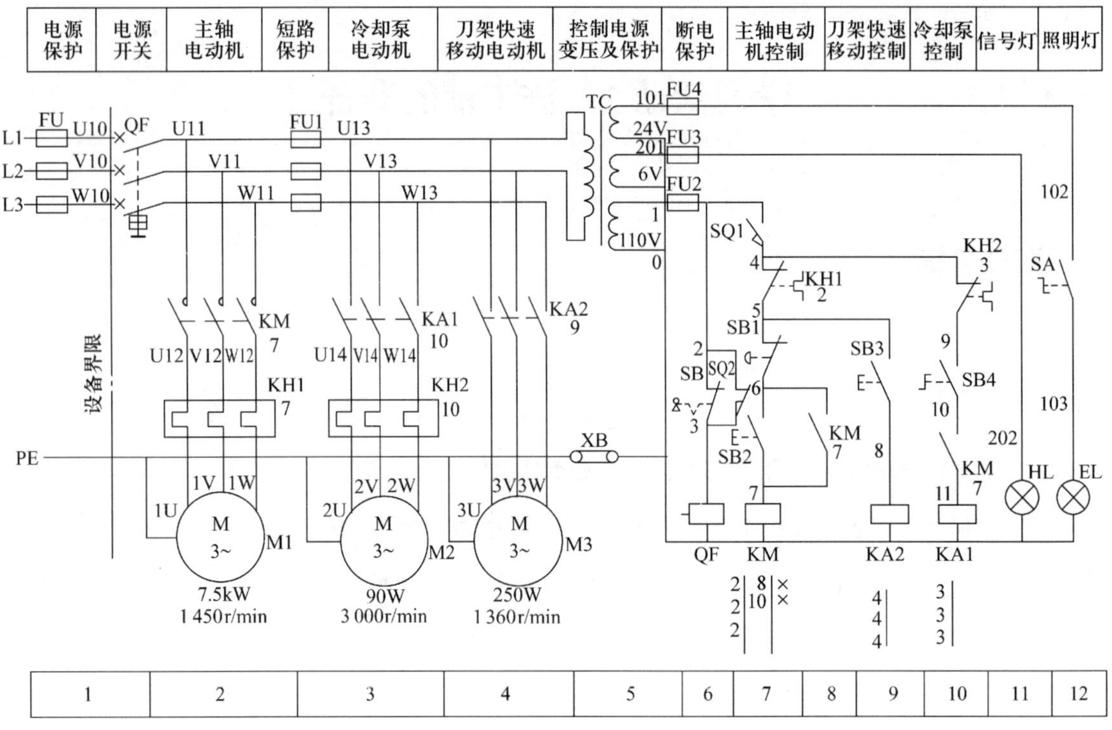

图 2–2–1

3．分析控制电路的工作原理。

4．分析照明与信号电路的工作原理。

5．主电路和控制电路各采用了什么保护措施？分别是用什么元器件实现的？

6．主轴电动机与冷却泵电动机之间是如何实现顺序控制的？

二、案例分析（逻辑分析法判断故障范围）

【案例 1】

故障现象：按下 SB3 按钮，KA2 线圈不吸合，按下 SB2 按钮，主轴电动机可以正常工作。

故障检修流程如下：

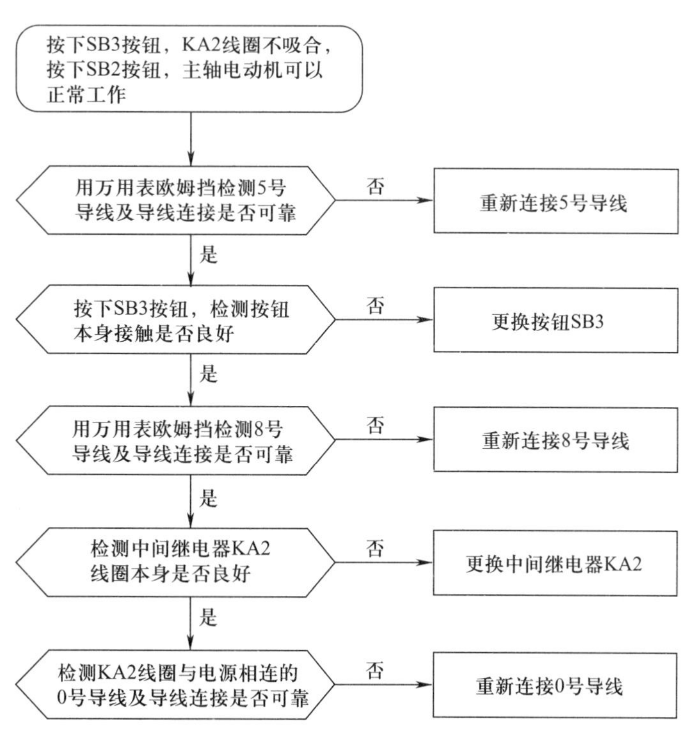

【案例 2】

故障现象：按下 SB3 按钮，KA2 线圈不吸合，按下 SB2 按钮，主轴电动机也不工作。

故障检修流程如下：

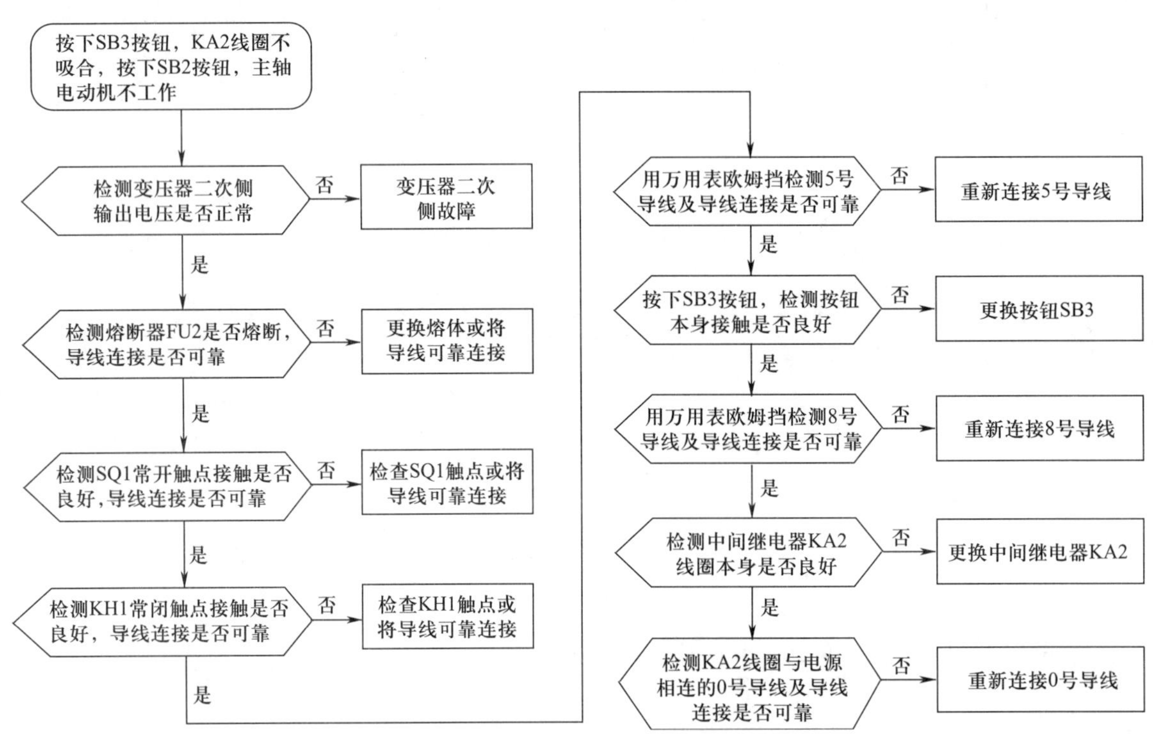

结合现场勘察情况，分析本任务的故障原因，以及进一步检查的部位，为制订检修计划和排除故障做好准备。将分析结果填入表 2–2–1。

表 2–2–1　故障分析

故障现象	可能的故障原因	待查部位和检查内容

三、制订计划、呈报计划

在检修故障时应该遵循“观察和调查故障现象→分析故障原因→确定故障的具体部位→排除故障→检验试车”的操作步骤。依此，制订故障检修工作计划并按流程呈报计划书。

“CA6140 普通车床故障诊断与排除”工作计划书

1．人员分工

（1）小组负责人：________________

（2）小组成员及分工

姓名	分工

2．工具及材料清单

工具	测电笔、螺钉旋具、尖嘴钳、斜口钳、剥线钳、电工刀等电工常用工具				
仪表	兆欧表（500 V）、钳形电流表、万用表				
资料	任务单、出厂资料、维修档案、施工图纸、维修计划模板、维修记录模板、电业安全工作规程、电工手册、电气安装施工规范等资料				
材料	导线、控制器件、保护器件、线槽、线管、绝缘材料、劳保用品、安全警示牌、警戒围栏				
器材	代号	名称	型号	规格	数量

3．工序及工期安排

序号	工作内容	完成时间	备注
1			
2			
3			
4			
5			

4．安全防护措施

学习活动 3　现 场 施 工

学习目标

1. 能按电业安全工作规程、工艺要求和场地情况，运用观察法、替换法、测量法等多种方法综合分析故障情况，熟练使用测试工具测量设备诊断故障，并用正确方法排除。

2. 能对恢复正常的设备按相关的技术指标使用仪表进行检测，完成运行测试工作。

3. 能遵循健康和安全标准，遵循规章制度和安全生产程序，设置安全措施、使用适当的个人防护用品；能合理规划工作区域，最大限度地提高效率并保持工作区域的环境卫生。

4. 能规范填写设备维修任务单，交付验收，并归纳总结各类故障状态下电气控制线路维修方法和要点。

建议学时：18 学时

学习过程

一、设置安全措施

参照学习任务一中所学内容，根据本任务的实际情况，需要设置哪些安全措施？和前面的学习任务相比，是否相同？如有不同，具体包括哪些？为什么？

二、排查线路故障

根据勘查到的故障现象，分析故障可能范围，运用直观检查法，对每个元器件、每根导线的外观逐一进行检查，查找故障点并排除故障，记录过程。

经外观检查未发现故障点时，可根据故障现象，在不扩大故障范围、不损伤电气和机械设备的前提下，进行通电试车，进一步判断故障及故障区域。

1．根据上一活动的观察结果，整理故障现象，分析故障原因、确定故障点并排除。在排除故障过程中，严格执行安全操作规范，文明作业、安全作业，将检修过程记录在表 2–3–1 中。

表 2–3–1　　线路故障排除记录

步骤	测试内容	测试结果	结论和下一步措施
1			
2			
3			

2．找出电气设备故障点后，就要着手进行修复，修复故障时需注意哪些事项？

3．故障排除后，应当做哪些工作?

三、自检、互检与试车

故障修复后，应重新通电试车进行自检，确认机械设备的各项操作符合技术要求后，才能交付使用。

1．主轴电动机的启动操作

启动主轴电动机，观察其运行情况。观察主轴电动机和电气控制箱内部电气元件的动作情况，并在表 2–3–2 中做好记录。

表 2–3–2　　主轴电动机的启动操作检查

序号	操作内容	观察内容	正常结果	观察结果
1	按下启动按钮	主接触器触头	吸合	
		主轴电动机	运转	
2	向上抬起机械操纵手柄	主轴	立即正转	
		卡盘	带动工件正转	
3	向下抬起机械操纵手柄	主轴	立即反转	
		卡盘	带动工件反转	

2．冷却泵电动机的启停操作

转动 SB4 旋转开关至“I”位置，冷却泵启动，将 SB4 旋转到“O”位置时，冷却泵停止。观察其运行情况。主轴电动机启动后，观察冷却泵和电气元件的工作情况，并在表 2–3–3 中做好记录。

表 2–3–3　　冷却泵电动机的启停操作检查

序号	操作内容	观察内容	正常结果	观察结果
1	SB4 旋转至“I”	KA1	吸合	
		冷却泵电动机	运转	
		切削液管	有切削液流出	
2	SB4 旋转至“O”	KA1	释放	
		冷却泵电动机	停转	
		切削液管	切削液停止流出	

3．主轴电动机的停止操作

按下 SB1 紧急停止按钮，主轴电动机和冷却泵同时停止，机床处于急停状态。按照按钮上箭头方向（顺时针）旋转急停按钮 SB1，急停按钮将复位。观察主轴电动机工作情况，并在表 2–3–4 中做好记录。

表 2–3–4 主轴电动机的停止操作检查

序号	操作内容	观察内容	正常结果	观察结果
1	按下 SB2	KM	吸合	
		主轴	运转	
2	按下 SB1	KM	释放	
		主轴	停止	

4．刀架快速移动电动机 M2 的启动操作

完成刀架快速移动电动机 M2 的启动操作，观察主轴电动机工作情况，并在表 2–3--5 中做好记录。

表 2–3–5 刀架快速移动电动机 M2 的启动操作检查

序号	操作内容	观察内容	正常结果	观察结果
1	按下 SB3	KA2	吸合	
		刀架快速移动电动机 M3	运转	
		刀架	快速移动	
2	松开 SB3	KA2	释放	
		刀架快速移动电动机 M3	停转	
		刀架	快速移动停止	

5．在小组内进行互检，结合前面自检的情况，在表 2–3–6 中记录自检和互检的情况。

表 2–3–6 自检和互检记录

故障范围是否正确		检修方法是否正确		是否修复故障	
自检	互检	自检	互检	自检	互检

四、工程验收

1．在验收阶段，各小组派出代表进行交叉验收，将发现的问题记录在表 2–3–7 中。

表 2–3–7 验收过程问题记录表

验收问题记录	整改措施	完成时间	备注

2．以小组为单位认真填写表 2–1–1 设备维修任务单中“维修记录”和“验收记录”部分的内容。

五、其他故障分析与练习

1．除了本任务工作情境中涉及的故障现象，实际工作中，还可能出现其他各式各样的故障现象。表 2–3–8 列出了几种典型的故障现象，查询相关资料，分析故障原因、判断故障范围、简述处理方法，记录在表 2–3–8 中，并在教师指导下进行实际排故训练。

表 2–3–8 典型故障示例

序号	故障现象	故障范围	主要故障点	检修排除方法
1	M1 不能启动	三相电源故障		
		KM 不吸合		
2	M1 不能自锁运行	KM 辅助触点接触不良		
		KM 辅助触点接线脱落		

续表

序号	故障现象	故障范围	主要故障点	检修排除方法
3	M1 不能停车	KM		
		SB1		
4	M1 运行中突然停车	KH1		
5	M2 不能启动	SB4		
6	M2 运行中突然停车	KH2		
7	M3 不能启动	KA2		

2．排故训练完毕，在小组内进行自检和互检，根据测试内容，填写表 2-3-9。

表 2-3-9　　自检和互检记录

序号	故障现象	故障范围是否正确		检修方法是否正确		是否修复故障	
		自检	互检	自检	互检	自检	互检
1							
2							
3							
4							

续表

序号	故障现象	故障范围是否正确		检修方法是否正确		是否修复故障	
		自检	互检	自检	互检	自检	互检
5							
6							
7							

六、评价

参考世界技能大赛的评价标准、理念，以小组为单位，按照表 2-3-10 所示评价内容进行评分。

表 2-3-10　　评分表

评价内容		配分	Y/N	得分
安全文明	施工过程中无违规操作	10		
	施工过程中始终保持场地整洁，施工结束后场地整理干净	2		
试车检查	无短路或接地错误	2		
	通电检查时安全操作	2		
	控制电路试车	3		
	主电路加电试车	3		
故障分析	标出最小故障范围	6		
	故障分析思路清楚	6		
故障排除	排除故障点	5		
	扩大故障范围或产生新的故障后，自行修复	5		
	不损坏电动机或工具	6		
	不损坏元器件	6		
	排除故障方法正确	5		
终端恢复	配电箱所有导线恢复牢固且正确终止，无露铜	2		
	配电箱布线恢复整齐美观	2		
功能恢复	设备正常运转无故障	30		
	故障未排除的，及时独立发现问题并解决	5		
合计				

学习活动 4　工作总结与评价

学习目标

1. 能以小组形式对学习过程和实训成果进行汇报总结。

2. 完成对学习过程的综合评价。

建议学时：4 学时

学习过程

一、经验交流

任务完成后，进行班内、组内交流，总结经验，提高知识、技能和职业素养，将主要内容记录下来。

1．你在“CA6140 普通车床故障诊断与排除”任务中学到了哪些知识和技能？简要记录在表 2-4-1 中。

表 2-4-1　本任务所学主要知识和技能

知识	技能

2．你所在的小组在检修工作过程中存在哪些不足？需如何改进？简要记录在表 2–4–2 中。

表 2–4–2　　不足之处及改进措施

不足之处	改进措施

3．班内、组内经验交流，将要点记录在表 2–4–3 中。

表 2–4–3　　班内、组内经验交流记录

工作经验交流	合理化建议

二、成果展示

以小组为单位，选择演示文稿、展板、海报、视频等形式中的一种或几种，向全班展示、汇报学习成果。

三、综合评价

参考世界技能大赛的评价标准、理念，针对本任务的学习情况，根据表 2–4–4 所列综合评价标准进行评分。

表 2–4–4 综合评价

评价项目	评价内容及标准	配分	评分		
			自我评价	小组评价	教师评价
工作组织和管理	团队合作，合理计划，高效管理时间	3			
	定期检查工作进展和成果	3			
	保证高质量完成工作	4			
沟通能力	深度咨询客户，完全理解其要求	5			
	提供明确说明，为客户提供书面报告	5			
计划创新能力	定期检查工作，最小化问题	5			
	提出创新性、可行性建议，提高客户满意度	5			
故障诊断能力	根据设备控制要求，准确确定故障类型、范围	20			
	根据设备技术资料正确分析故障原因	30			
排除故障能力	正确使用、测试、校准测量设备	5			
	按照国家标准完成设备线路维修	15			
学生姓名		综合评价得分			
指导教师		日期			

世赛知识

我国参赛选手的选拔

参加世界技能大赛代表国家形象，因此，必须确保选拔出最优秀的选手为国出征。

我国的选手选拔，主要分两个阶段。

第一个阶段是全国选拔。这个阶段类似于“海选”，在各地、各部门初赛的基础上，人力资源和社会保障部组织开展世界技能大赛全国选拔赛，根据选手成绩，最终每个参赛项目约有 10 人入选国家集训队。

第二个阶段是集训选拔。这个阶段主要是依托世界技能大赛中国集训基地，对入选国家集训队的选手进行集训，并根据集训安排进行“十进五”“五进三”“三进二”“二进一”等阶段性考核选拔，最后选出 1 名最优秀的选手代表祖国出征，可谓大浪淘沙。

可以说，最终代表国家出征的参赛选手，每一位都经历了层层选拔，经历了常人无法想象的艰苦历程。正因为如此，他们才能够凭借精湛的技艺和强大的心理素质，最终在国际技能竞赛的舞台上一展身手，取得优异成绩。

我国对世界技能大赛全国选拔赛的组织是非常严密的，每届世界技能大赛全国选拔赛开始前，人力资源和社会保障部都会出台详细的《竞赛技术规则》，要求全国选拔赛本着公平、公正、公开等原则组织实施。

世界技能大赛全国选拔赛与我国的职业技能竞赛是紧密结合的。

我国职业技能竞赛始于 20 世纪 50 年代，具有广泛的群众基础，实行分级、分类管理，共分为国家、省和地市三级。

在以往职业技能竞赛基础上，为对接世界技能大赛，打造新时代全国性综合职业技能竞赛新品牌，健全职业技能竞赛体系，引领各地、各行业不断提升技能竞赛工作规模和质量，推动以赛促学、以赛促训、以赛促建，2020 年 12 月，我国在广东省广州市举办了中华人民共和国第一届职业技能大赛。来自全国各省（自治区、直辖市）、新疆生产建设兵团和有关行业的 36 个代表团共 2 557 名选手参加了比赛。本次大赛是新中国成立以来规格最高、项目最全、选手最多、影响最广的综合性、全国性技能竞赛盛会。

大赛共设置了 86 个竞赛项目，其中，63 个竞赛项目为世赛选拔项目。世赛选拔项目比赛即作为第 46 届世界技能大赛全国选拔赛。这些项目中，单人项目前 10 名、团队项目前 5 名选手入围第 46 届世界技能大赛中国集训队。

学习任务三　电动卷闸门故障诊断与排除

学习目标

1. 能通过设备维修任务单，明确工作内容及工期要求，勘察现场，与客户、设备操作人员进行有效沟通，了解故障现象，准确获取任务信息。

2. 能查阅设备出厂资料和维修档案，识读电气原理图，熟悉电动卷闸门的功能、电力拖动特点和控制要求。

3. 能结合电动卷闸门电气控制线路原理图，运用逻辑分析法等方法分析故障范围。

4. 能根据任务需要确定人员分工，列举所需仪表、资料、材料、器材，明确工作安排和安全防护措施，合理制订工作计划并呈报。

5. 能按电业安全工作规程、工艺要求和场地情况，运用适当的方法综合分析故障情况，完成故障诊断和排除。

6. 能对恢复正常的设备按相关的技术指标使用仪表进行检测，完成运行测试工作。

7. 能遵循健康和安全标准，遵循规章制度和安全生产程序，设置安全措施、使用适当的个人防护用品；能合理规划工作区域，最大限度地提高效率并保持工作区域的环境卫生。

8. 能规范填写设备维修任务单，交付验收，并归纳总结各类故障状态下电气控制线路维修方法和要点。

9. 能以小组形式，对学习过程和实训成果进行汇报总结，完成对学习过程的综合评价。

建议学时

40 学时

工作情境描述

某加工厂生产车间的电动卷闸门出现故障，不能正常关闭，影响车间的正常工作和安全，需尽快维修。经初步检查，判断为电气控制线路的故障。现该项维修任务交由维修班完成，需电气维修人员通过现场勘察，熟悉电动卷闸门的相关技术资料，准确判断故障原因，并使用正确的方法及时排除故障，使设备正常运转，保障车间正常开展工作。

工作流程与活动

1. 明确工作任务
2. 施工前的准备
3. 现场施工
4. 工作总结与评价

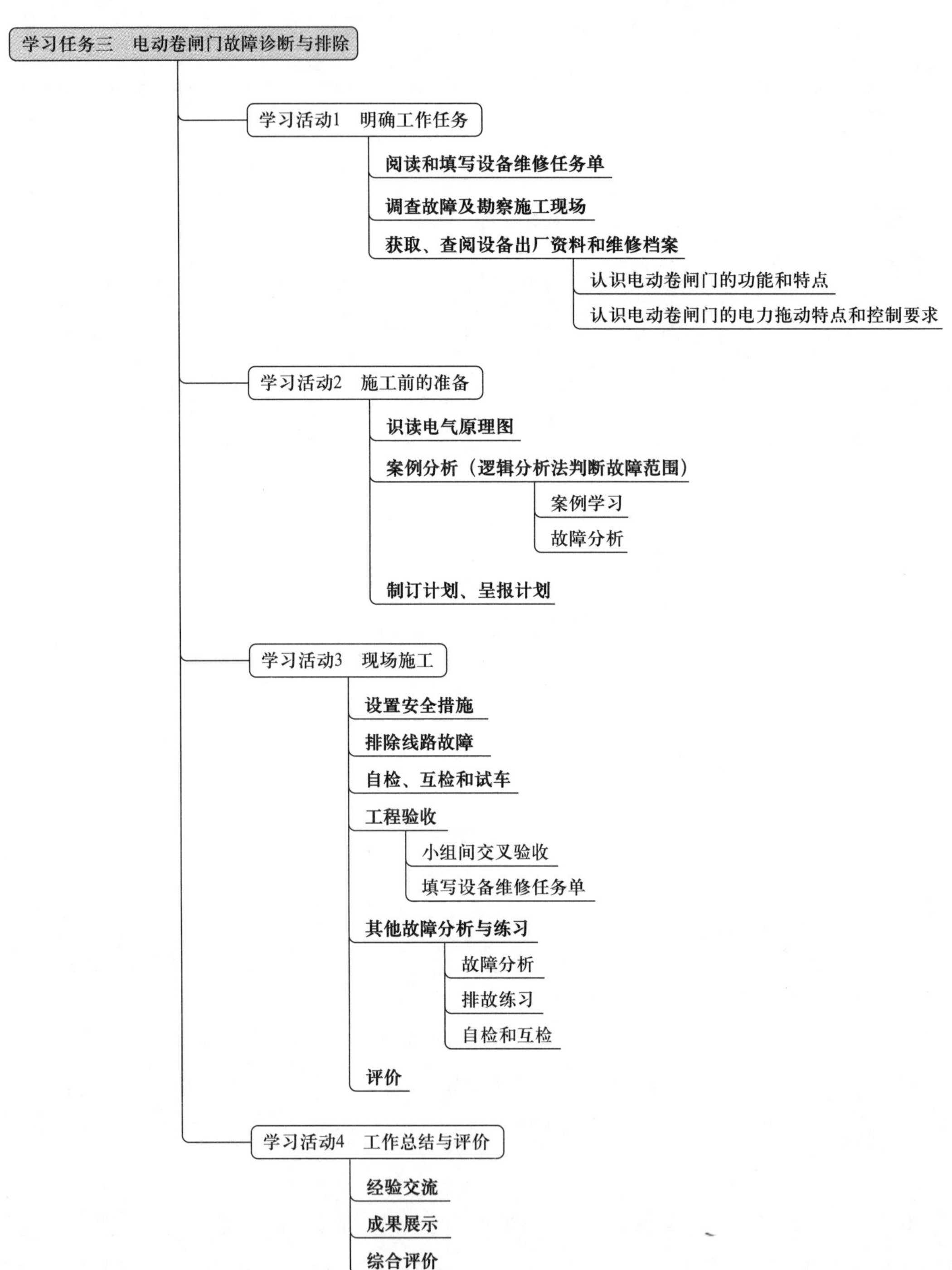
学习任务三　电动卷闸门故障诊断与排除
学习活动1　明确工作任务
阅读和填写设备维修任务单
调查故障及勘察施工现场
获取、查阅设备出厂资料和维修档案
认识电动卷闸门的功能和特点
认识电动卷闸门的电力拖动特点和控制要求
学习活动2　施工前的准备
识读电气原理图
案例分析（逻辑分析法判断故障范围）
案例学习
故障分析
制订计划、呈报计划
学习活动3　现场施工
设置安全措施
排除线路故障
自检、互检和试车
工程验收
小组间交叉验收
填写设备维修任务单
其他故障分析与练习
故障分析
排故练习
自检和互检
评价
学习活动4　工作总结与评价
经验交流
成果展示
综合评价

学习活动 1　明确工作任务

学习目标

1. 能通过设备维修任务单，明确工作内容及工期要求。

2. 能通过勘察现场，与客户、设备操作人员等有效沟通，了解故障现象，分析故障范围。

3. 能查阅设备出厂资料和维修档案，识读电气原理图，熟悉电动卷闸门的功能、电力拖动特点和控制要求。

建议学时：6 学时

学习过程

一、阅读和填写设备维修任务单

认真阅读工作情境描述，查阅相关资料，依据工作情境的描述或现场观察结果，填写设备维修任务单（表 3–1–1）“报修记录”部分。

表 3–1–1　　设备维修任务单

报修记录					
报修部门		报修人		报修时间	
报修级别	特急□　急□　一般□		希望完工时间	年　月　日以前	
故障设备		设备编号		故障时间	
故障状况					

续表

<table>
<tr><th colspan="6">维修记录</th></tr>
<tr><td>接单人及时间</td><td colspan="2"></td><td>预定完工时间</td><td colspan="2"></td></tr>
<tr><td>派工</td><td colspan="5"></td></tr>
<tr><td>故障原因</td><td colspan="5"></td></tr>
<tr><td>维修类别</td><td colspan="5">小修□　　中修□　　大修□</td></tr>
<tr><td>维修情况</td><td colspan="5"></td></tr>
<tr><td>维修起止时间</td><td colspan="2"></td><td>工时总计</td><td colspan="2"></td></tr>
<tr><td>耗材名称</td><td>规格</td><td>数量</td><td>耗材名称</td><td>规格</td><td>数量</td></tr>
<tr><td></td><td></td><td></td><td></td><td></td><td></td></tr>
<tr><td></td><td></td><td></td><td></td><td></td><td></td></tr>
<tr><td></td><td></td><td></td><td></td><td></td><td></td></tr>
<tr><td>维修人员建议</td><td colspan="5"></td></tr>
<tr><th colspan="6">验收记录</th></tr>
<tr><td rowspan="2">验收部门</td><td>维修开始时间</td><td></td><td>完工时间</td><td colspan="2"></td></tr>
<tr><td>维修结果</td><td colspan="4">验收人：　　　　日期：</td></tr>
<tr><td colspan="2">设备部门</td><td colspan="4">验收人：　　　　日期：</td></tr>
</table>

二、调查故障及勘察施工现场

1．与客户和设备操作人员沟通故障前后有哪些异常并记录。

2．电动机采用了什么样的控制方式？

3．根据故障调查的实际需要，可进行通电试车。如果要进行该项工作，应该满足的前提条件和注意事项是什么？

4．观察控制电路结构，其中包括了哪些元器件？将其型号、规格、数量等信息记录在表 3–1–2 中。

表 3–1–2　　元器件型号、规格、数量

序号	名称	型号与规格	单位	数量	备注
1					
2					
3					
4					
5					
6					
7					

5．观察施工现场各类标牌、间距、隔离等的设置情况，做好记录，为后续施工做好准备。

三、获取、查阅设备出厂资料和维修档案

电动卷闸门采用电力拖动，门体轻便灵活，上下行程由限位开关自动控制，操作方便，安全可靠，停电时还可手动操作。图 3–1–1 所示为某加工车间的电动卷闸门，其控制电路采用了双重联锁正反转带限位保护控制电路。

图 3–1–1　电动卷闸门

所谓双重联锁正反转带限位保护控制电路，就是通过两台接触器交替工作，实现电动机的正反转，使得卷闸门自动开启或关闭，通过行程开关配合机械传动机构对卷闸门进行限位保护。

查阅相关资料，了解电动卷闸门和双重连锁正反转带限位保护控制电路的相关知识，初步识读获取到的相关图纸，回答以下问题。

1．主电路和控制电路中各供电电路采用了什么保护措施？保护器件是哪个？

2．电动卷闸门的电力拖动特点及控制要求是什么？

学习活动 2　施工前的准备

学习目标

1. 能识读电动卷闸门电气控制线路原理图，运用逻辑分析法等方法分析故障范围。

2. 能根据任务需要确定人员分工，列举所需仪表、资料、材料、器材，明确工作安排和安全防护措施，合理制订工作计划并呈报。

建议学时：12 学时

学习过程

一、识读电气原理图

> **参考资料**
> **电力拖动控制线路与技能训练（第六版）**
> 第二单元课题 5　三相笼型异步电动机的正反转控制线路

图 3-2-1 所示为电动卷闸门电气控制线路的电气原理图。在教师的指导下，分析其工作原理，将以下分析过程补充完整。

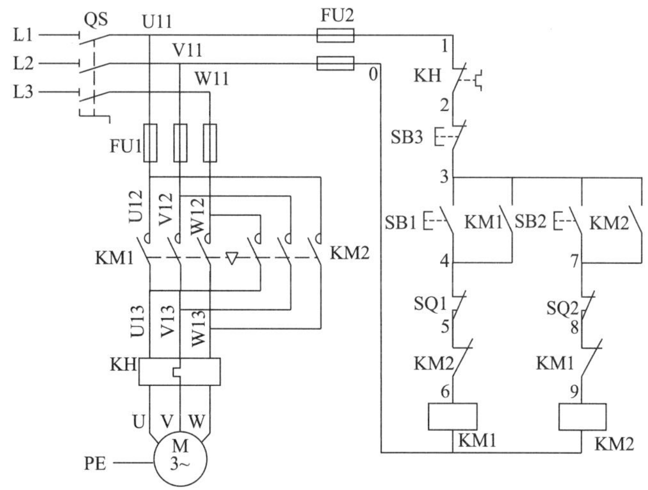

图 3-2-1

线路的工作原理叙述如下：

先合上电源开关 QS。

1．卷闸门开启

按下 SB1 → KM1 线圈得电→ KM1（8–9）________________，对 KM2 联锁

→ KM1（3–4）________________

→ KM1________________ →电动机 M 启动连续正转→卷闸门开启

卷闸门移至限定位置，挡铁 1 碰撞位置开关 SQ1 → SQ1（4–5）______________ → KM1 线圈失电→ KM1______________，电动机 M 失电停转，卷闸门停止运动。

此时，即使再按下 SB1，由于 SQ1 常闭触头已分断，接触器 KM1 线圈也不会得电，保证了卷闸门不会超过 SQ1 所在位置。

2．卷闸门关闭

按下 SB2 → KM2 线圈得电→ KM2（5–6）________________，对 KM1 联锁

→ KM2（3–7）________________

→ KM2________________ →电动机 M 启动连续反转→卷闸门关闭

卷闸门移至限定位置，挡铁 2 碰撞位置开关 SQ2 → SQ2（7–8）______________ → KM2 线圈失电→ KM2______________，电动机 M 失电停转，卷闸门停止运动。

急停时只需要按下 SB3 即可。

最后关断电源开关 QS。

二、案例分析（逻辑分析法判断故障范围）

【案例】

故障现象：按下 SB1 按钮，接触器 KM1 线圈不吸合。

故障检修流程如下：

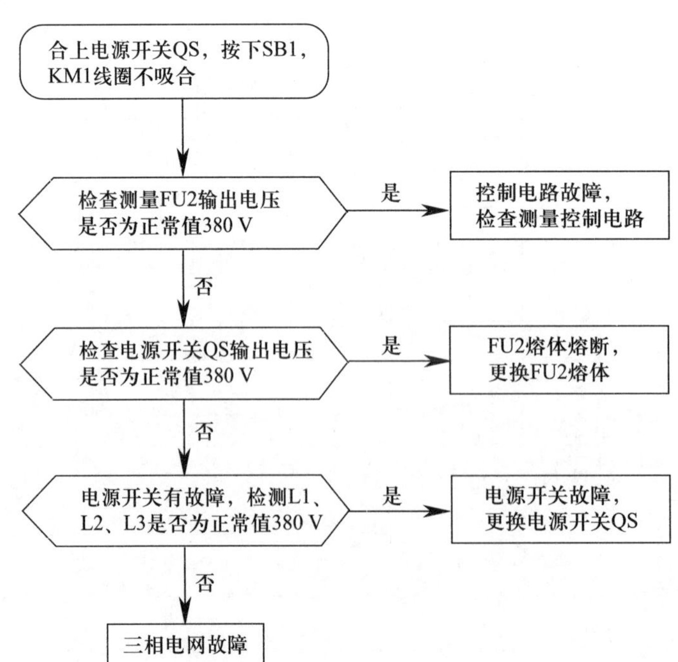

结合现场勘察情况，分析本任务的故障原因，以及进一步检查的部位，为制订检修计划和排除故障做好准备，将分析结果填入表 3-2-1。

表 3-2-1　故障分析

故障现象	可能的故障原因	待查部位和检查内容

三、制订计划、呈报计划

在检修故障时应该遵循“观察和调查故障现象→分析故障原因→确定故障的具体部位→排除故障→检验试车”的步骤。依此，制订故障检修工作计划并按流程呈报计划书。

“电动卷闸门故障诊断与排除”工作计划书

1. 人员分工

（1）小组负责人:________________

（2）小组成员及分工

姓名	分工

2．工具及材料清单

工具	电工通用工具（1套）、专用工具（如手电钻、压线钳、各种扳手等）				
仪表	兆欧表（500 V）、钳形电流表、万用表				
资料	任务单、出厂资料、维修档案、施工图纸、维修计划模板、维修记录模板、电业安全操作规程、电工手册、电气安装施工规范等资料				
材料	导线、控制器件、保护器件、线槽、线管、绝缘材料、劳保用品、安全警示牌、警戒围栏				
器材	代号	名称	型号	规格	数量

3．工序及工期安排

序号	工作内容	完成时间	备注
1			
2			
3			
4			
5			

4．安全防护措施

学习活动3 现 场 施 工

学习目标

1. 能按电业安全工作规程、工艺要求和场地情况，运用观察法、替换法、测量法等多种方法综合分析故障情况，熟练使用测试工具测量设备诊断故障，并用正确方法排除。

2. 能对恢复正常的设备按相关的技术指标使用仪表进行检测，完成运行测试工作。

3. 能遵循健康和安全标准，遵循规章制度和安全生产程序，设置安全措施、使用适当的个人防护用品；能合理规划工作区域，最大限度地提高效率并保持工作区域的环境卫生。

4. 能规范填写设备维修任务单，交付验收，并归纳总结各类故障状态下电气控制线路维修方法和要点。

建议学时：18 学时

学习过程

一、设置安全措施

参照学习任务一中所学内容，根据本任务的实际情况，需要设置哪些安全措施？和前面的学习任务相比，是否相同？如有不同，具体包括哪些？为什么？

二、排除线路故障

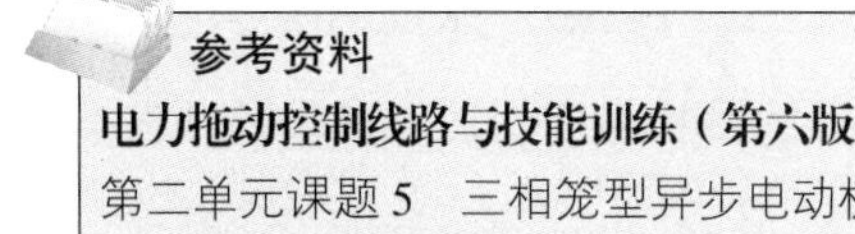

参考资料

电力拖动控制线路与技能训练（第六版）

第二单元课题 5　三相笼型异步电动机的正反转控制线路

1．根据上一活动中的初步判断，采用适当的检查方法，找出故障点并排除。在排除故障过程中，严格执行安全操作规范，文明作业、安全作业，将检修过程记录在表 3-3-1 中。

表 3-3-1　　线路故障排除记录

步骤	测试内容	测试结果	结论和下一步措施
1			
2			

2. 故障排除后，应当做哪些工作?

三、自检、互检和试车

故障检修完毕后，在教师允许下通电试车，在小组内进行自检、互检，在表 3–3–2 中记录自检和互检的情况。

表 3–3–2　自检和互检记录

故障范围是否正确		检修方法是否正确		是否修复故障	
自检	互检	自检	互检	自检	互检

四、工程验收

1．在验收阶段，各小组派出代表进行交叉验收，将发现的问题记录在表 3–3–3 中。

表 3–3–3　验收过程问题记录表

验收问题记录	整改措施	完成时间	备注

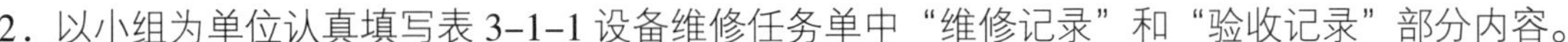

2．以小组为单位认真填写表 3-1-1 设备维修任务单中“维修记录”和“验收记录”部分内容。

五、其他故障分析与练习

1．除了本任务工作情境中涉及的故障现象，实际工作中，还可能出现其他各式各样的故障现象。表 3-3-4 列出了几种典型的故障现象，查询相关资料，分析故障原因、判断故障范围、简述处理方法，记录在表 3-3-4 中，并在教师指导下进行实际排故训练。

表 3-3-4　典型故障示例

故障现象描述	故障范围	故障原因	处理方法
按启动按钮 SB1 接触器不动作（KM1 不吸合）			
启动按钮按下后电动机运行，松开后电动机停止运行			
启动按钮 SB2 按下后接触器 KM2 动作，电动机不转			

2．排故训练完毕，进行自检和互检，根据测试内容，填写表 3-3-5。

表 3-3-5　自检和互检记录

序号	故障现象	故障范围是否正确		检修方法是否正确		是否修复故障	
		自检	互检	自检	互检	自检	互检
1							
2							
3							

六、评价

参考世界技能大赛的评价标准、理念，以小组为单位，按照表 3–3–6 所示评价内容进行评分。

表 3–3–6　　评分表

评价内容		配分	Y/N	得分
安全文明	施工过程中无违规操作	10		
	施工过程中始终保持场地整洁，施工结束后场地整理干净	2		
试车检查	无短路或接地错误	2		
	通电检查时安全操作	2		
	控制电路试车	3		
	主电路加电试车	3		
故障分析	标出最小故障范围	6		
	故障分析思路清楚	6		
故障排除	排除故障点	5		
	扩大故障范围或产生新的故障后，自行修复	5		
	不损坏电动机或工具	6		
	不损坏元器件	6		
	排除故障方法正确	5		
终端恢复	配电箱所有导线恢复牢固且正确终止，无露铜	2		
	配电箱布线恢复整齐美观	2		
功能恢复	设备正常运转无故障	30		
	故障未排除的，及时独立发现问题并解决	5		
合计				

学习活动 4　工作总结与评价

学习目标

1. 能以小组形式对学习过程和实训成果进行汇报总结。
2. 完成对学习过程的综合评价。

建议学时：4 学时

学习过程

一、经验交流

任务完成后，进行班内、组内交流，总结经验，提高知识、技能和职业素养，将主要内容记录下来。

1．你在“电动卷闸门故障诊断与排除”任务中学到了哪些知识和技能？简要记录在表 3–4–1 中。

表 3–4–1　本任务所学主要知识和技能

知识	技能

2．你所在的小组在检修工作过程中存在哪些不足？需如何改进？简要记录在表 3–4–2 中。

表 3–4–2　　不足之处及改进措施

不足之处	改进措施

3．班内、组内经验交流，将要点记录在表 3–4–3 中。

表 3–4–3　　班内、组内经验交流记录

工作经验交流	合理化建议

二、成果展示

以小组为单位，选择演示文稿、展板、海报、视频等形式中的一种或几种，向全班展示、汇报学习成果。

三、综合评价

参考世界技能大赛的评价标准、理念，针对本任务的学习情况，根据表 3-4-4 所列综合评价标准进行评分。

表 3-4-4　综合评价

<table>
<tr><th rowspan="2">评价项目</th><th rowspan="2">评价内容及标准</th><th rowspan="2">配分</th><th colspan="3">评分</th></tr>
<tr><th>自我评价</th><th>小组评价</th><th>教师评价</th></tr>
<tr><td rowspan="3">工作组织和管理</td><td>团队合作，合理计划，高效管理时间</td><td>3</td><td></td><td></td><td></td></tr>
<tr><td>定期检查工作进展和成果</td><td>3</td><td></td><td></td><td></td></tr>
<tr><td>保证高质量完成工作</td><td>4</td><td></td><td></td><td></td></tr>
<tr><td rowspan="2">沟通能力</td><td>深度咨询客户，完全理解其要求</td><td>5</td><td></td><td></td><td></td></tr>
<tr><td>提供明确说明，为客户提供书面报告</td><td>5</td><td></td><td></td><td></td></tr>
<tr><td rowspan="2">计划创新能力</td><td>定期检查工作，最小化问题</td><td>5</td><td></td><td></td><td></td></tr>
<tr><td>提出创新性、可行性建议，提高客户满意度</td><td>5</td><td></td><td></td><td></td></tr>
<tr><td rowspan="2">故障诊断能力</td><td>根据设备控制要求，准确确定故障类型、范围</td><td>20</td><td></td><td></td><td></td></tr>
<tr><td>根据设备技术资料正确分析故障原因</td><td>30</td><td></td><td></td><td></td></tr>
<tr><td rowspan="2">排除故障能力</td><td>正确使用、测试、校准测量设备</td><td>5</td><td></td><td></td><td></td></tr>
<tr><td>按照国家标准完成设备线路维修</td><td>15</td><td></td><td></td><td></td></tr>
<tr><td>学生姓名</td><td></td><td colspan="2">综合评价得分</td><td colspan="2"></td></tr>
<tr><td>指导教师</td><td></td><td colspan="2">日期</td><td colspan="2"></td></tr>
</table>

世赛知识

世界技能大赛项目分类

世界技能大赛共包括六大类竞赛项目，每个大类下细分为若干具体的项目，每届大赛略有不同。将于中国上海举行的第46届世界技能大赛共设立了63个竞赛项目。

结构与建筑技术大类

创意艺术与时尚大类

3D数字游戏艺术　时装技术　花艺　平面设计技术　珠宝加工　商品展示技术

信息与通信技术大类

制造与工程技术大类

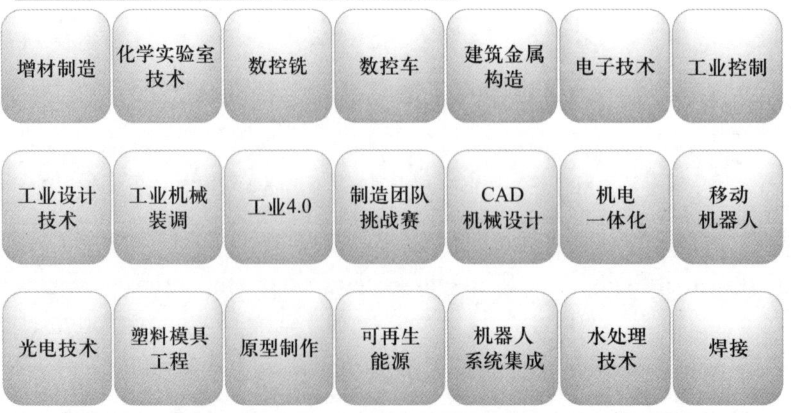

运输与物流大类

飞机维修　车身修理　汽车技术　汽车喷漆　货运代理　重型车辆维修　轨道交通技术

学习任务四　降压启动排烟风机故障诊断与排除

学习目标

1. 能通过设备维修任务单，明确工作内容及工期要求，勘察现场，与客户、设备操作人员进行有效沟通，了解故障现象，准确获取任务信息。

2. 能查阅设备出厂资料和维修档案，识读电气原理图，熟悉降压启动排烟风机的功能、电力拖动特点和控制要求。

3. 能结合降压启动排烟风机电气控制线路原理图，运用逻辑分析法等方法分析故障范围。

4. 能根据任务需要确定人员分工，列举所需仪表、资料、材料、器材，明确工作安排和安全防护措施，合理制订工作计划并呈报。

5. 能按电业安全工作规程、工艺要求和场地情况，运用适当的方法综合分析故障情况，完成故障诊断和排除。

6. 能对恢复正常的设备按相关的技术指标使用仪表进行检测，完成运行测试工作。

7. 能遵循健康和安全标准，遵循规章制度和安全生产程序，设置安全措施、使用适当的个人防护用品；能合理规划工作区域，最大限度地提高效率并保持工作区域的环境卫生。

8. 能规范填写设备维修任务单，交付验收，并归纳总结各类故障状态下电气控制线路维修方法和要点。

9. 能以小组形式，对学习过程和实训成果进行汇报总结，完成对学习过程的综合评价。

建议学时

40 学时

工作情境描述

某工厂生产车间的排烟风机使用中出现故障，现象为通电后可正常启动，但启动完成后即停机，不能正常工作。经初步了解和检查，该排烟风机采用降压启动方式运行，判断为电气控制线路的故障。现该项维修任务交由维修班完成，需电气维修人员通过现场勘察，熟悉排烟风机的相关技术资料，理解降压启动控制线路的工作原理，准确判断故障原因，并使用正确的方法及时排除故障，使设备能正常启动运行，保障车间正常开展工作。

工作流程与活动

1．明确工作任务

2．施工前的准备

3．现场施工

4．工作总结与评价

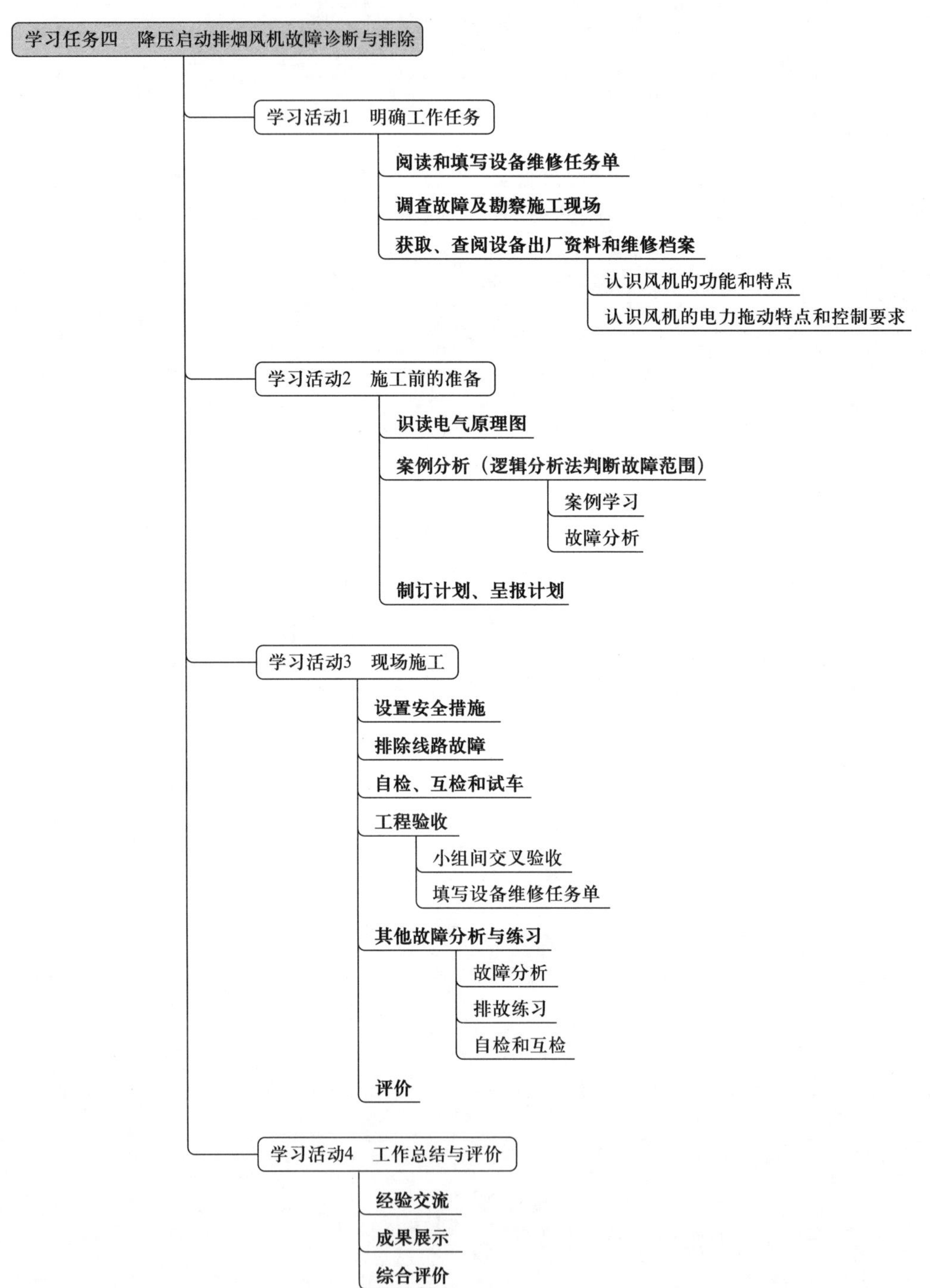
学习任务四　降压启动排烟风机故障诊断与排除
学习活动1　明确工作任务
阅读和填写设备维修任务单
调查故障及勘察施工现场
获取、查阅设备出厂资料和维修档案
认识风机的功能和特点
认识风机的电力拖动特点和控制要求
学习活动2　施工前的准备
识读电气原理图
案例分析（逻辑分析法判断故障范围）
案例学习
故障分析
制订计划、呈报计划
学习活动3　现场施工
设置安全措施
排除线路故障
自检、互检和试车
工程验收
小组间交叉验收
填写设备维修任务单
其他故障分析与练习
故障分析
排故练习
自检和互检
评价
学习活动4　工作总结与评价
经验交流
成果展示
综合评价

学习活动 1　明确工作任务

学习目标

1. 能通过设备维修任务单，明确工作内容及工期要求。

2. 能通过勘察现场，与客户、设备操作人员等有效沟通，了解故障现象，分析故障范围。

3. 能查阅设备出厂资料和维修档案，识读电气原理图，熟悉降压启动排烟风机的功能、电力拖动特点和控制要求。

建议学时：6 学时

学习过程

一、阅读和填写设备维修任务单

认真阅读工作情境描述，查阅相关资料，依据工作情境的描述或现场观察结果，填写设备维修任务单（表 4–1–1）“报修记录”部分。

表 4–1–1　设备维修任务单

<table>
<tr><th colspan="7">报修记录</th></tr>
<tr><td>报修部门</td><td></td><td>报修人</td><td></td><td>报修时间</td><td colspan="2"></td></tr>
<tr><td>报修级别</td><td colspan="2">特急□　急□　一般□</td><td colspan="2">希望完工时间</td><td colspan="2">年　　月　　日以前</td></tr>
<tr><td>故障设备</td><td></td><td>设备编号</td><td></td><td>故障时间</td><td colspan="2"></td></tr>
<tr><td>故障状况</td><td colspan="6"></td></tr>
</table>

续表

<table>
<tr><th colspan="6">维修记录</th></tr>
<tr><td>接单人及时间</td><td colspan="2"></td><td>预定完工时间</td><td colspan="2"></td></tr>
<tr><td>派工</td><td></td><td></td><td></td><td colspan="2"></td></tr>
<tr><td>故障原因</td><td colspan="5"></td></tr>
<tr><td>维修类别</td><td colspan="5">小修□　　中修□　　大修□</td></tr>
<tr><td>维修情况</td><td colspan="5"></td></tr>
<tr><td>维修起止时间</td><td colspan="2"></td><td>工时总计</td><td colspan="2"></td></tr>
<tr><td>耗材名称</td><td>规格</td><td>数量</td><td>耗材名称</td><td>规格</td><td>数量</td></tr>
<tr><td></td><td></td><td></td><td></td><td></td><td></td></tr>
<tr><td></td><td></td><td></td><td></td><td></td><td></td></tr>
<tr><td></td><td></td><td></td><td></td><td></td><td></td></tr>
<tr><td>维修人员建议</td><td colspan="5"></td></tr>
</table>

<table>
<tr><th colspan="5">验收记录</th></tr>
<tr><td rowspan="2">验收部门</td><td>维修开始时间</td><td></td><td>完工时间</td><td></td></tr>
<tr><td>维修结果</td><td colspan="3">验收人：　　日期：</td></tr>
<tr><td colspan="2">设备部门</td><td colspan="3">验收人：　　日期：</td></tr>
</table>

二、调查故障及勘察施工现场

1．与客户、设备操作人员沟通故障前后有哪些异常并记录。

> **参考资料**
> **电力拖动控制线路与技能训练（第六版）**
> 第二单元课题 10　三相笼型异步电动机的Y－△降压启动控制线路

2．电动机采用了什么样的控制方式？为什么？

3．对照实物，将图 4–1–1 所示Y–△降压启动器各部分的名称补充完整。

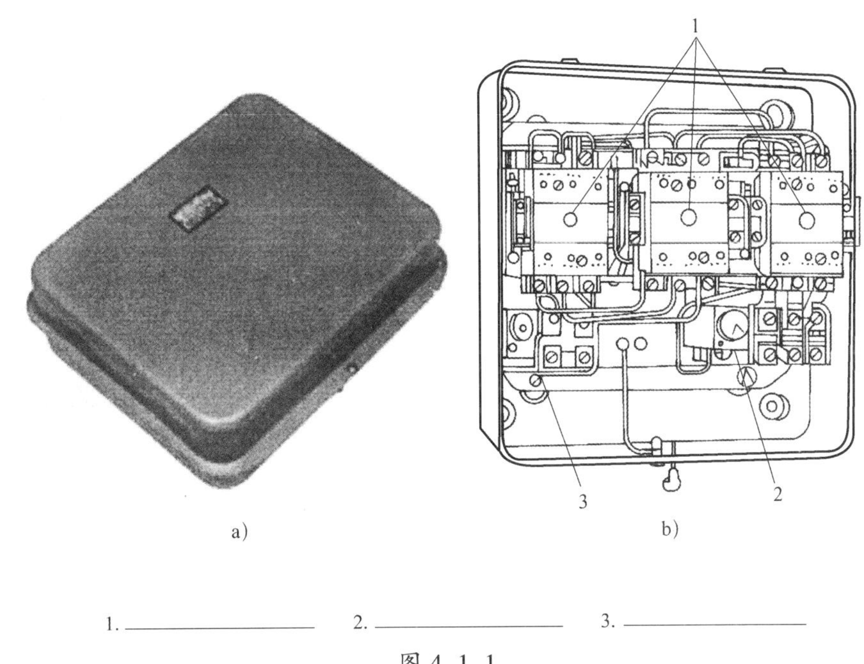

a)　　　　b)

1. ________　2. ________　3. ________

图 4–1–1

4．将Y–△降压启动器内主要元器件的型号、规格、数量等信息记录在表 4–1–2 中。

表 4–1–2　　元器件型号、规格、数量

序号	名称	型号与规格	单位	数量	备　注
1					
2					
3					
4					
5					
6					
7					

5．观察施工现场各类标牌、间距、隔离等的设置情况，做好记录，为后续施工做好准备。

三、获取、查阅设备出厂资料和维修档案

风机是我国对气体压缩和气体输送机械的简称，是依靠输入的机械能提高气体压力并排送气体的机械，它是一种从动的流体机械。图 4–1–2 所示为管道轴流式通风机，其电动机外置，控制器采用了Y–△降压启动器。

所谓Y–△降压启动控制线路，就是按下启动按钮后，电动机的定子绕组接成星形降压启动，经过时间继电器延时后，再将电动机的定子绕组接成三角形全压运行。这种方法常用于大功率交流电动机的启动。

图 4–1–2

查阅资料了解相关知识，初步识读获取到的相关图纸，回答以下问题。

1．风机的用途是什么？有哪些特点？

2．主电路和控制电路中各供电电路采用了什么保护措施？保护器件是哪个？

3．风机电力拖动的特点及控制要求是什么？

学习活动 2　施工前的准备

学习目标

1. 能识读降压启动排烟风机电气控制线路原理图，运用逻辑分析法等方法分析故障范围。

2. 能根据任务需要确定人员分工，列举所需仪表、资料、材料、器材，明确工作安排和安全防护措施，合理制订工作计划并呈报。

建议学时：12 学时

学习过程

一、识读电气原理图

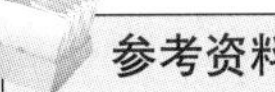

参考资料
电力拖动控制线路与技能训练（第六版）
第二单元课题 10　三相笼型异步电动机的Y–△降压启动控制线路

图 4-2-1 所示为Y–△降压启动控制线路的原理图。在教师的指导下，分析其工作原理，将以下分析过程补充完整。

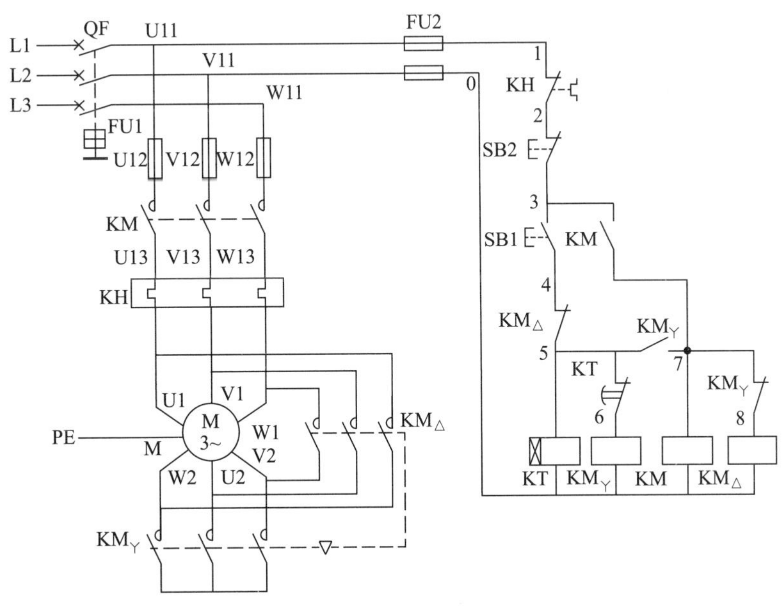

图 4-2-1

Y－△降压启动控制线路由三个接触器、一个热继电器、一个时间继电器和两个按钮组成。当接触器 KM 和接触器 KM_Y同时得电工作时，电动机定子绕组接成__________，电动机工作状态为__________。当接触器 KM 和接触器 $KM_\triangle$同时得电工作时，电动机定子绕组接成__________，电动机工作状态为__________。

线路的工作原理如下：

降压启动时，先合上电源开关 QF。

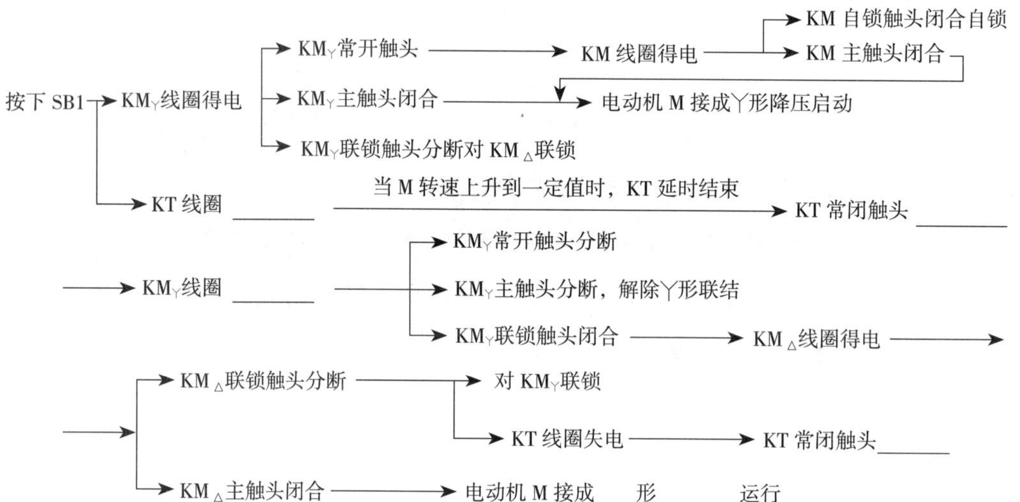

停止时，按下 SB2 即可。

最后关断电源开关 QF。

二、案例分析（逻辑分析法判断故障范围）

【案例】

故障现象：按下 SB1 按钮，接触器 KM_Y线圈不吸合。

故障检修流程如下：

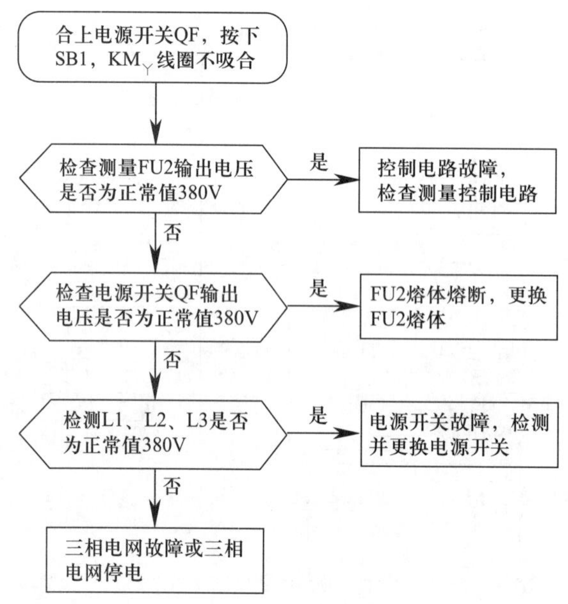

分析时，首先运用逻辑分析法判断故障范围，可避免盲目性，缩短检修时间，接着选用适当的检修方法，根据实际走线路径，依次在故障范围内逐点找出故障点，并排除故障。

结合现场勘察情况，分析本任务的故障可能原因，以及进一步检查的部位，为制订检修计划和排除故障做好准备。将分析结果填见表 4–2–1。

表 4–2–1　故障分析

故障现象	可能的故障原因	待查部位和检查内容

三、制订计划、呈报计划

在检修故障时应该遵循“观察和调查故障现象→分析故障原因→确定故障的具体部位→排除故障→检验试车”的步骤。依此，制订故障检修工作计划并按流程呈报计划书。

“降压启动排烟风机故障诊断与排除”工作计划书

1．人员分工

（1）小组负责人：________________

（2）小组成员及分工

姓名	分工

2．工具及材料清单

<table>
<tr><td>工具</td><td colspan="5">电工通用工具（1套）、专用工具（如手电钻、压线钳、各种扳手等）</td></tr>
<tr><td>仪表</td><td colspan="5">兆欧表（500 V）、钳形电流表、万用表</td></tr>
<tr><td>资料</td><td colspan="5">任务单、出厂资料、维修档案、施工图纸、维修计划模板、维修记录模板、电业安全操作规程、电工手册、电气安装施工规范等资料</td></tr>
<tr><td>材料</td><td colspan="5">导线、控制器件、保护器件、线槽、线管、绝缘材料、劳保用品、安全警示牌、警戒围栏</td></tr>
<tr><td rowspan="8">器材</td><td>代号</td><td>名称</td><td>型号</td><td>规格</td><td>数量</td></tr>
<tr><td>QF</td><td></td><td></td><td></td><td></td></tr>
<tr><td>FU1</td><td></td><td></td><td></td><td></td></tr>
<tr><td>FU2</td><td></td><td></td><td></td><td></td></tr>
<tr><td>KM KM_{Y} $KM_{\triangle}$</td><td></td><td></td><td></td><td></td></tr>
<tr><td>KT</td><td></td><td></td><td></td><td></td></tr>
<tr><td>KH</td><td></td><td></td><td></td><td></td></tr>
<tr><td>SB1—SB2</td><td></td><td></td><td></td><td></td></tr>
</table>

3．工序及工期安排

序号	工作内容	完成时间	备注
1			
2			
3			
4			
5			

4．安全防护措施

学习活动3　现 场 施 工

学习目标

1. 能按电业安全工作规程、工艺要求和场地情况，运用观察法、替换法、测量法等多种方法综合分析故障情况，熟练使用测试工具测量设备诊断故障，并用正确方法排除。

2. 能对恢复正常的设备按相关的技术指标使用仪表进行检测，完成运行测试工作。

3. 能遵循健康和安全标准，遵循规章制度和安全生产程序，设置安全措施、使用适当的个人防护用品；能合理规划工作区域，最大限度地提高效率并保持工作区域的环境卫生。

4. 能规范填写设备维修任务单，交付验收，并归纳总结各类故障状态下电气控制线路维修方法和要点。

建议学时：18学时

学习过程

一、设置安全措施

参照学习任务一中所学内容，根据本任务的实际情况，需要设置哪些安全措施？和前面的学习任务相比，是否相同？如有不同，具体包括哪些？为什么？

二、排除线路故障

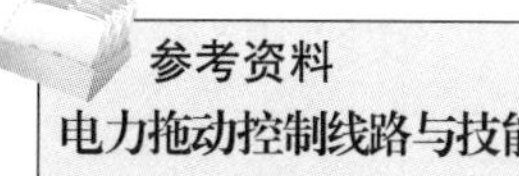

参考资料
电力拖动控制线路与技能训练（第六版）
第二单元课题 10　三相笼型异步电动机的Y－△降压启动控制线路

1．根据上一活动中的初步判断，采用适当的检查方法，找出故障点并排除。在排除故障过程中，严格执行安全操作规范，文明作业、安全作业，将检修过程记录在表 4-3-1 中。

表 4-3-1　　线路故障排除记录

步骤	测试内容	测试结果	结论和下一步措施
1			
2			

2．故障排除后，应当做哪些工作？

三、自检、互检和试车

故障检修完毕后，在教师允许下通电试车，在小组内进行自检、互检，在表 4–3–2 记录自检和互检的情况。

表 4–3–2　自检和互检记录

故障范围是否正确		检修方法是否正确		是否修复故障	
自检	互检	自检	互检	自检	互检

四、工程验收

1．在验收阶段，各小组派出代表进行交叉验收，将发现的问题记录在表 4–3–3 中。

表 4–3–3　验收过程问题记录表

验收问题记录	整改措施	完成时间	备注

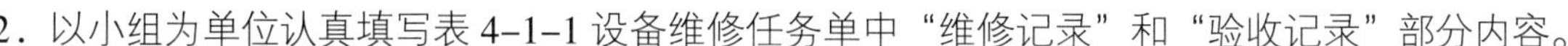

2．以小组为单位认真填写表 4–1–1 设备维修任务单中“维修记录”和“验收记录”部分内容。

五、其他故障分析与练习

1．除了本任务工作情境中涉及的故障现象，实际工作中，还可能出现其他各式各样的故障现象。表 4–3–4 中列出了几种典型的故障现象，查询相关资料，分析故障原因、判断故障范围、简述处理方法，记录在表 4–3–4 中，并在教师指导下进行实际排故训练。

表 4–3–4　典型故障示例

故障现象描述	故障范围	分析原因	处理方法
按下启动按钮后，接触器不动作			
按下启动按钮后，电动机运行，松开后电动机停止			
启动按钮按下后接触器 KM 动作，电动机不转			

2．排故训练完毕，进行自检和互检，根据测试内容，填写表 4–3–5。

表 4–3–5　自检和互检记录

序号	故障现象	故障范围是否正确		检修方法是否正确		是否修复故障	
		自检	互检	自检	互检	自检	互检
1							
2							
3							

六、评价

参考世界技能大赛的评价标准、理念，以小组为单位，按照表 4–3–6 所示评价内容进行评分。

表 4–3–6　　评分表

评价内容		配分	Y/N	得分
安全文明	施工过程中无违规操作	10		
	施工过程中始终保持场地整洁，施工结束后场地整理干净	2		
试车检查	无短路或接地错误	2		
	通电检查时安全操作	2		
	控制电路试车	3		
	主电路加电试车	3		
故障分析	标出最小故障范围	6		
	故障分析思路清楚	6		
故障排除	排除故障点	5		
	扩大故障范围或产生新的故障后，自行修复	5		
	不损坏电动机或工具	6		
	不损坏元器件	6		
	排除故障方法正确	5		
终端恢复	配电箱所有导线恢复牢固且正确终止，无露铜	2		
	配电箱布线恢复整齐美观	2		
功能恢复	设备正常运转无故障	30		
	故障未排除的，及时独立发现问题并解决	5		
合计				

学习活动 4　工作总结与评价

学习目标

1. 能以小组形式，对学习过程和实训成果进行汇报总结。
2. 完成对学习过程的综合评价。

建议学时：4 学时

学习过程

一、经验交流

任务完成后，进行班内、组内交流，总结经验，提高知识、技能和职业素养，将主要内容记录下来。

1．你在“降压启动排烟风机故障诊断与排除”任务中学到了哪些知识和技能？简要记录在表 4–4–1 中。

表 4–4–1　　本任务所学主要知识和技能

知识	技能

2．你所在的小组在检修工作过程中存在哪些不足，需如何改进？简要记录在表 4–4–2 中。

表 4–4–2　　不足之处及改进措施

不足之处	改进措施

3．班内、组内经验交流，将要点记录在表 4–4–3 中。

表 4–4–3　　班内、组内经验交流记录

工作经验交流	合理化建议

二、成果展示

以小组为单位，选择演示文稿、展板、海报、视频等形式中的一种或几种，向全班展示、汇报学习成果。

三、综合评价

参考世界技能大赛的评价标准、理念，针对本任务的学习情况，根据表 4–4–4 所列综合评价标准进行评分。

表 4–4–4　综合评价

评价项目	评价内容及标准	配分	评分		
			自我评价	小组评价	教师评价
工作组织和管理	团队合作，合理计划，高效管理时间	3			
	定期检查工作进展和成果	3			
	保证高质量完成工作	4			
沟通能力	深度咨询客户，完全理解其要求	5			
	提供明确说明，为客户提供书面报告	5			
计划创新能力	定期检查工作，最小化问题	5			
	提出创新性、可行性建议，提高客户满意度	5			
故障诊断能力	根据设备控制要求，准确确定故障类型、范围	20			
	根据设备技术资料正确分析故障原因	30			
排除故障能力	正确使用、测试、校准测量设备	5			
	按照国家标准完成设备线路维修	15			
学生姓名		综合评价得分			
指导教师		日期			

世赛知识

中国加入世界技能组织

中国是在 2010 年加入世界技能组织的。可以说，当年召开的世界技能组织全体大会对于中国的技能发展具有里程碑意义。 2010 年 10 月 3 日至 10 日，中国代表团一行 6 人赴牙买加首都金斯敦参加了世界技能组织召开的 2010 年世界技能组织全体大会（以下简称“大会”），大会于 2010 年 10 月 7 日表决通过，正式接纳中国加入世界技能组织，中国成为该组织的第 53 个成员。

时任人力资源和社会保障部国际合作司副司长戴晓初作为中国在世界技能组织的行政代表在大会上发言，详细介绍了我国职业培训制度及职业技能竞赛的相关情况，并从时任世界技能组织主席杰克·杜塞尔多普的手中接过了世界技能组织成员证书。

谈及 2010 年牙买加会议的重要意义，时任人力资源和社会保障部副部长王晓初说，中国加入世界技能组织，参加世界技能竞赛，有利于我国学习借鉴世界各国促进技能培训和开展技能竞赛的经验，推动国内职业技能竞赛活动的开展，营造学习技能人才、尊重技能人才、争当技能人才的良好社会氛围。同时，参加世界技能竞赛，可以构建职业技术交流国际平台，为我国优秀技能人才展示才华绝技、展现技能成果创造条件，对宣传我国高技能人才工作和人力资源能力建设的成果，扩大我国在职业培训领域的影响力，培养造就具有国际水平的高技能人才队伍具有重要意义。

学习任务五　M7130 平面磨床故障诊断与排除

1. 能通过设备维修任务单，明确工作内容及工期要求，勘察现场，与客户、设备操作人员进行有效沟通，了解故障现象，准确获取任务信息。

2. 能查阅设备出厂资料和维修档案，识读电气原理图，熟悉 M7130 平面磨床的结构、功能、主要运动形式和控制要求。

3. 能结合 M7130 平面磨床电气控制线路原理图，运用逻辑分析法等方法分析故障范围。

4. 能根据任务需要确定人员分工，列举所需仪表、资料、材料、器材，明确工作安排和安全防护措施，合理制订工作计划并呈报。

5. 能按电业安全工作规程、工艺要求和场地情况，运用适当的方法综合分析故障情况，完成故障诊断和排除。

6. 能对恢复正常的设备按相关的技术指标使用仪表进行检测，完成运行测试工作。

7. 能遵循健康和安全标准，遵循规章制度和安全生产程序，设置安全措施、使用适当的个人防护用品；能合理规划工作区域，最大限度地提高效率并保持工作区域的环境卫生。

8. 能规范填写设备维修任务单，交付验收，并归纳总结各类故障状态下电气控制线路维修方法和要点。

9. 能以小组形式，对学习过程和实训成果进行汇报总结，完成对学习过程的综合评价。

40 学时

某加工厂生产车间的一台 M7130 平面磨床使用中电磁吸盘出现故障，吸力不足。经初步检查，判断为

电气控制线路的故障。现该项维修任务交由维修班完成，需电气维修人员通过现场勘察，熟悉 M7130 平面磨床电气控制线路的工作原理，结合电气原理图、布置图、接线图等技术资料准确判断故障原因，并使用正确的方法及时排除故障，使设备正常运转。

工作流程与活动

1．明确工作任务

2．施工前的准备

3．现场施工

4．工作总结与评价

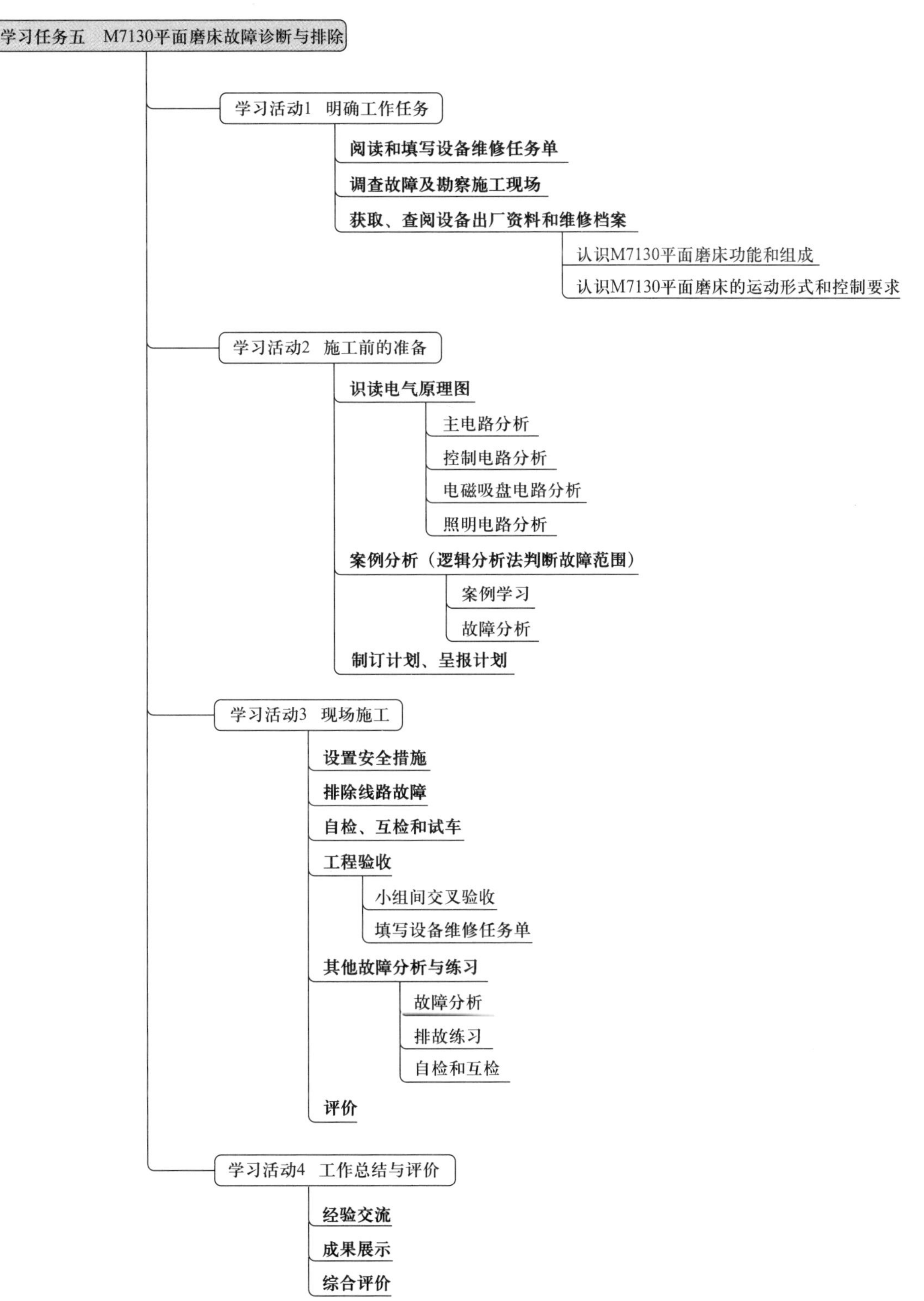
学习任务五　M7130平面磨床故障诊断与排除
学习活动1　明确工作任务
阅读和填写设备维修任务单
调查故障及勘察施工现场
获取、查阅设备出厂资料和维修档案
认识M7130平面磨床功能和组成
认识M7130平面磨床的运动形式和控制要求
学习活动2　施工前的准备
识读电气原理图
主电路分析
控制电路分析
电磁吸盘电路分析
照明电路分析
案例分析（逻辑分析法判断故障范围）
案例学习
故障分析
制订计划、呈报计划
学习活动3　现场施工
设置安全措施
排除线路故障
自检、互检和试车
工程验收
小组间交叉验收
填写设备维修任务单
其他故障分析与练习
故障分析
排故练习
自检和互检
评价
学习活动4　工作总结与评价
经验交流
成果展示
综合评价

学习活动1　明确工作任务

学习目标

1. 能通过设备维修任务单，明确工作内容及工期要求。

2. 能通过勘察现场，与客户、设备操作人员等有效沟通，了解故障现象，分析故障范围。

3. 能查阅设备出厂资料和维修档案，识读电气原理图，熟悉M7130平面磨床的结构、功能、主要运动形式和控制要求。

建议学时：6学时

学习过程

一、阅读和填写设备维修任务单

认真阅读工作情境描述，查阅相关资料，依据工作情境的描述或现场观察结果，填写设备维修任务单（表5-1-1）“报修记录”部分。

表5-1-1　设备维修任务单

<table>
<tr><th colspan="6">报修记录</th></tr>
<tr><td>报修部门</td><td></td><td>报修人</td><td></td><td>报修时间</td><td></td></tr>
<tr><td>报修级别</td><td colspan="2">特急□　急□　一般□</td><td>希望完工时间</td><td colspan="2">年　月　日以前</td></tr>
<tr><td>故障设备</td><td></td><td>设备编号</td><td></td><td>故障时间</td><td></td></tr>
<tr><td>故障状况</td><td colspan="5"></td></tr>
</table>

续表

<table>
<tr><th colspan="6">维修记录</th></tr>
<tr><td>接单人及时间</td><td colspan="2"></td><td>预定完工时间</td><td colspan="2"></td></tr>
<tr><td>派工</td><td colspan="5"></td></tr>
<tr><td>故障原因</td><td colspan="5"></td></tr>
<tr><td>维修类别</td><td colspan="5">小修□　中修□　大修□</td></tr>
<tr><td>维修情况</td><td colspan="5"></td></tr>
<tr><td>维修起止时间</td><td colspan="2"></td><td>工时总计</td><td colspan="2"></td></tr>
<tr><td>耗材名称</td><td>规格</td><td>数量</td><td>耗材名称</td><td>规格</td><td>数量</td></tr>
<tr><td></td><td></td><td></td><td></td><td></td><td></td></tr>
<tr><td></td><td></td><td></td><td></td><td></td><td></td></tr>
<tr><td></td><td></td><td></td><td></td><td></td><td></td></tr>
<tr><td>维修人员建议</td><td colspan="5"></td></tr>
<tr><th colspan="6">验收记录</th></tr>
<tr><td rowspan="2">验收部门</td><td>维修开始时间</td><td></td><td>完工时间</td><td colspan="2"></td></tr>
<tr><td>维修结果</td><td colspan="4">验收人：　日期：</td></tr>
<tr><td colspan="2">设备部门</td><td colspan="4">验收人：　日期：</td></tr>
</table>

二、调查故障及勘察施工现场

1．维修人员调查故障及勘察现场的主要内容包括哪些？

参考资料

电力拖动控制线路与技能训练（第六版）

第三单元课题 3　M7130 型平面磨床电气控制线路

2．观察控制箱的结构，其中包括了哪些元器件？将其型号、规格、数量等信息记录在表 5–1–2 中。

表 5–1–2　　元器件型号、规格、数量

序号	名称	型号与规格	单位	数量	备注
1					
2					
3					
4					
5					
6					
7					
8					
9					
10					
11					
12					
13					
14					
15					

3．观察施工现场各类标牌、间距、隔离等的设置情况，做好记录，为后续施工做好准备。

三、获取、查阅设备出厂资料和维修档案

在前一门“低压电气控制设备安装与调试”课程中已经学习过了 M7130 平面磨床的基本知识，回顾所学内容，回答后面的引导问题。

机械加工中，对零件表面的粗糙度要求较高时，需要用磨床进行加工，磨床是用砂轮的周边或端面对工件的表面进行机械加工的一种精密机床。磨床的种类很多，根据用途不同可分为平面磨床、内圆磨床、外圆磨床、无心磨床、工具磨床和齿轮磨床等。常用的 M7130 平面磨床外形如图 5-1-1 所示。

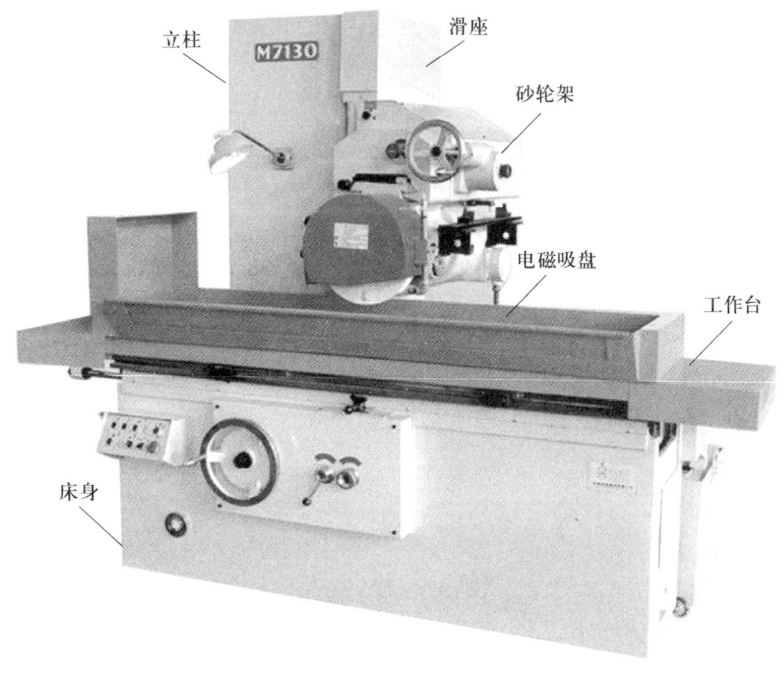

图 5-1-1

1．M7130 平面磨床都能进行哪些机械加工?

2．M7130 平面磨床由哪些部分组成?

3．查阅相关资料，在表 5-1-3 中补全 M7130 平面磨床的运动形式及电力拖动控制要求。

表 5-1-3　　M7130 平面磨床运动形式及电力拖动控制要求

运动种类	运动形式	控制要求
主运动		
进给运动		
辅助运动		

学习活动 2 施工前的准备

学习目标

1. 能识读 M7130 平面磨床电气控制线路原理图，运用逻辑分析法等方法分析故障范围。

2. 能根据任务需要确定人员分工，列举所需仪表、资料、材料、器材，明确工作安排和安全防护措施，合理制订工作计划并呈报。

建议学时：12 学时

学习过程

一、识读电气原理图

> **参考资料**
> **电力拖动控制线路与技能训练（第六版）**
> 第三单元课题 3 M7130 型平面磨床电气控制线路

识读 M7130 平面磨床电气控制线路（图 5-2-1），分析各个控制环节的原理及作用，并回答后面的问题。

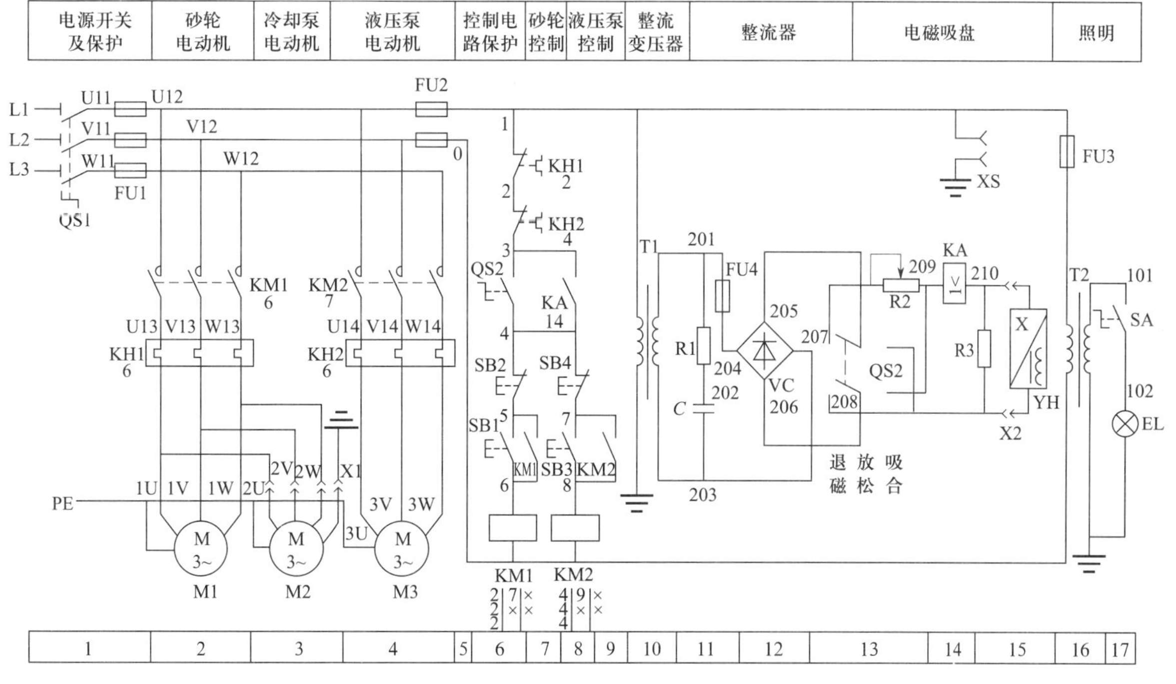

图 5-2-1

1．主电路分析

（1）在图 5–2–1 中圈画出主电路部分。

（2）主电路中共有几台电动机？作用分别是什么？

（3）砂轮电动机 M1 是由哪些电气元件控制和保护的？

（4）冷却泵电动机 M2 是由哪些电气元件控制和保护的？

（5）液压泵电动机 M3 是由哪些电气元件控制和保护的？

2．控制电路分析

（1）在图 5-2-1 中圈画出控制电路部分。

（2）分别对砂轮电动机、液压泵电动机的控制电路工作原理进行分析。

3．电磁吸盘电路分析

电磁吸盘是用来固定加工工件的一种夹具。与机械夹具相比，它具有夹紧迅速、操作快速简便、不损伤工件、一次能吸牢多个小工件，以及磨削中工件发热时可自由伸缩不变形等优点。其不足之处是只能吸住铁磁材料的工件，不能吸住非磁性材料（如铝、铜等）的工件。

（1）在图 5-2-1 中圈画出电磁吸盘电路部分。

（2）电磁吸盘电路还可分为整流电路、控制电路和保护电路三部分，查阅相关资料，回答以下问题：

1）整流电路由哪些元器件组成？主要作用是什么？

2）结合控制电路的分析，简述充磁时和退磁时电磁吸盘 YH 的工作过程。

3）保护电路主要由哪些元器件组成？分别起什么作用？为什么要设置保护电路？

4．照明电路分析

（1）在图 5-2-1 中圈画出照明电路部分。

（2）简述照明电路的组成及电路的功能。

二、案例分析（逻辑分析法判断故障范围）

【案例 1】

故障现象：砂轮电动机和液压泵电动机都不能启动。

故障检修流程如下：

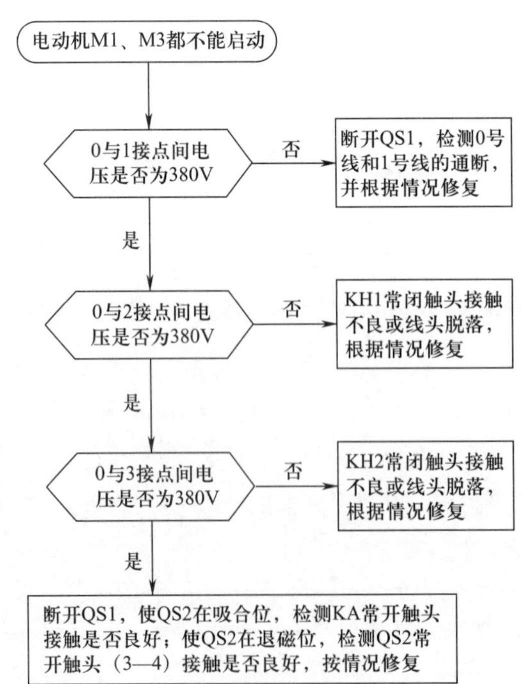

【案例 2】

故障现象：电磁吸盘退磁不充分，使工件取下困难。

故障检修流程如下：

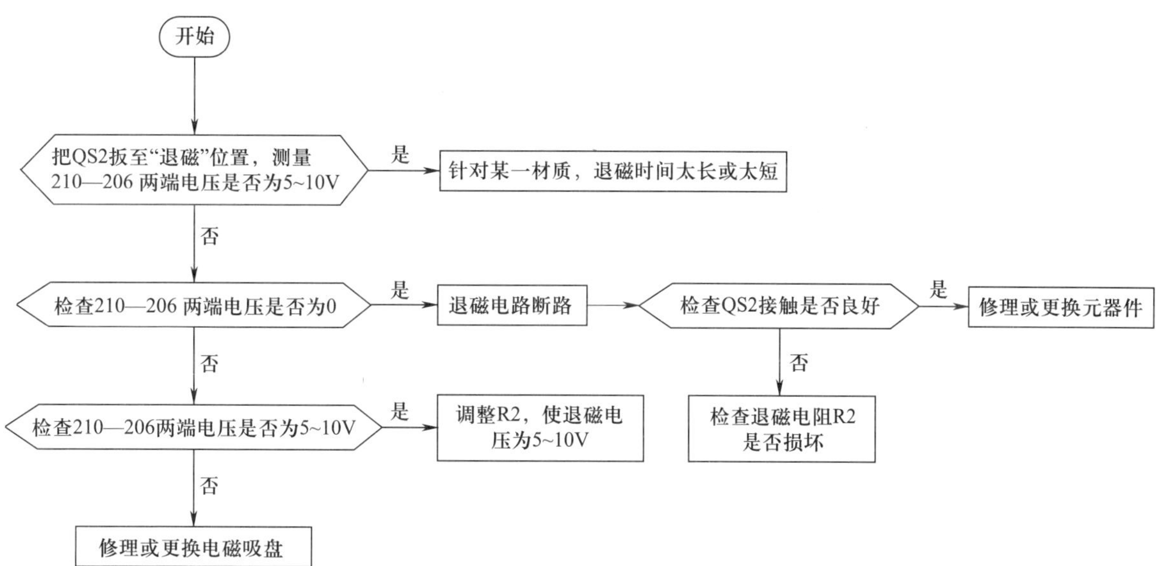

结合现场勘察情况，分析本任务的故障可能原因，以及进一步检查的部位，为制订检修计划和排除故障做好准备。将分析结果填入表 5-2-1。

表 5-2-1　故障分析

故障现象	可能的故障原因	待查部位和检查内容

三、制订计划、呈报计划

在检修故障时应该遵循“观察和调查故障现象→分析故障原因→确定故障的具体部位→排除故障→检验试车”的步骤。依此，制订故障检修工作计划并按流程呈报计划书。

“M7130平面磨床故障诊断与排除”工作计划书

1．人员分工

（1）小组负责人:________________

（2）小组成员及分工

姓名	分工

2．工具及材料清单

工具	测电笔、螺钉旋具、尖嘴钳、斜口钳、剥线钳、电工刀等电工常用工具				
仪表	兆欧表（500 V）、钳形电流表、万用表				
资料	任务单、出厂资料、维修档案、施工图纸、维修计划模板、维修记录模板、电业安全工作规程、电工手册、电气安装施工规范等资料				
材料	导线、控制器件、保护器件、线槽、线管、绝缘材料、劳保用品、安全警示牌、警戒围栏				
器材	代号	名称	型号	规格	数量

3．工序及工期安排

序号	工作内容	完成时间	备注
1			
2			
3			
4			
5			

4．安全防护措施

学习活动3 现场施工

学习目标

1. 能按电业安全工作规程、工艺要求和场地情况，运用观察法、替换法、测量法等多种方法综合分析故障情况，熟练使用测试工具测量设备诊断故障，并用正确方法排除。

2. 能对恢复正常的设备按相关的技术指标使用仪表进行检测，完成运行测试工作。

3. 能遵循健康和安全标准，遵循规章制度和安全生产程序，设置安全措施、使用适当的个人防护用品；能合理规划工作区域，最大限度地提高效率并保持工作区域的环境卫生。

4. 能规范填写电设备维修任务单，交付验收，并归纳总结各类故障状态下电气控制线路维修方法和要点。

建议学时：18 学时

学习过程

一、设置安全措施

参照学习任务一中所学内容，根据本任务的实际情况，需要设置哪些安全措施？和前面的学习任务相比，是否相同？如有不同，具体包括哪些？为什么？

二、排除线路故障

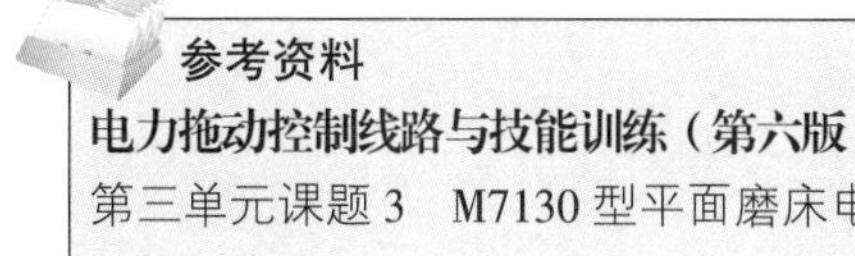

参考资料

电力拖动控制线路与技能训练（第六版）

第三单元课题 3　M7130 型平面磨床电气控制线路

1．根据上一活动中的初步判断，采用适当的检查方法，找出故障点并排除。在排除故障过程中，严格执行安全操作规范，文明作业、安全作业，将检修过程记录在表 5-3-1 中。

表 5-3-1　　线路故障排除记录

序号	故障现象	测量和排除方法
1	电磁吸盘吸力不足	
2		

2．找出电气设备故障点后，就要着手进行修复，简述修复故障时需注意的事项。

3．故障排除后，应当做哪些工作？

三、自检、互检和试车

故障检修完毕后，在教师允许下通电试车，在小组内进行自检、互检，在表 5–3–2 中记录自检和互检的情况。

表 5–3–2　　自检和互检记录

故障范围是否正确		检修方法是否正确		是否修复故障	
自检	互检	自检	互检	自检	互检

四、工程验收

1．在验收阶段，各小组派出代表进行交叉验收，将发现的问题记录在表 5–3–3 中。

表 5–3–3　　验收过程问题记录表

验收问题记录	整改措施	完成时间	备注

2．以小组为单位认真填写表 5–1–1 设备维修任务单中“维修记录”和“验收记录”部分内容。

五、其他故障分析与练习

1．除了本任务工作情境中涉及的故障现象，实际工作中，还可能出现其他各式各样的故障现象。表 5–3–4 中列出了几种典型的故障现象，查询相关资料，分析故障原因、判断故障范围、简述处理方法，记录在表 5–3–4 中，并在教师指导下，进行实际排故训练。

表 5–3–4　　常见故障示例

故障现象描述	故障范围	处理方法
三台电动机都不能启动		

续表

故障现象描述	故障范围	处理方法
砂轮电动机的热继电器KH1经常脱扣		
电磁吸盘退磁不充分，使工件取下困难		
电磁吸盘无吸力		

2．排故训练完毕，进行自检和互检，根据测试内容，填写表5-3-5。

表5-3-5 自检和互检记录

序号	故障现象	故障范围是否正确		检修方法是否正确		是否修复故障	
		自检	互检	自检	互检	自检	互检
1							
2							
3							
4							

六、评价

参考世界技能大赛的评价标准、理念，以小组为单位，按照表 5-3-6 所示评价内容进行评分。

表 5-3-6　　评分表

评价内容		配分	Y/N	得分
安全文明	施工过程中无违规操作	10		
	施工过程中始终保持场地整洁，施工结束后场地整理干净	2		
试车检查	无短路或接地错误	2		
	通电检查时安全操作	2		
	控制电路试车	3		
	主电路加电试车	3		
故障分析	标出最小故障范围	6		
	故障分析思路清楚	6		
故障排除	排除故障点	5		
	扩大故障范围或产生新的故障后，自行修复	5		
	不损坏电动机或工具	6		
	不损坏元器件	6		
	排除故障方法正确	5		
终端恢复	配电箱所有导线恢复牢固且正确终止，无露铜	2		
	配电箱布线恢复整齐美观	2		
功能恢复	设备正常运转无故障	30		
	故障未排除的，及时独立发现问题并解决	5		
合计				

学习活动 4　工作总结与评价

学习目标

1. 能以小组形式对学习过程和实训成果进行汇报总结。
2. 完成对学习过程的综合评价。

建议学时：4 学时

学习过程

一、经验交流

任务完成后，进行班内、组内交流，总结经验，提高知识、技能和职业素养，将主要内容记录下来。

1．你在“M7130 平面磨床故障诊断与排除”任务中学到了哪些知识和技能？简要记录在表 5–4–1 中。

表 5–4–1　　本任务所学主要知识和技能

知识	技能

2．你所在的小组在检修工作过程中存在哪些不足？需如何改进？简要记录在表 5–4–2 中。

表 5–4–2　　不足之处及改进措施

不足之处	改进措施

3．班内、组内经验交流，将要点记录在表 5–4–3 中。

表 5–4–3　　班内、组内经验交流记录

工作经验交流	合理化建议

二、成果展示

以小组为单位，选择演示文稿、展板、海报、视频等形式中的一种或几种，向全班展示、汇报学习成果。

三、综合评价

参考世界技能大赛的评价标准、理念，针对本任务的学习情况，根据表 5–4–4 所列综合评价标准进行评分。

表 5–4–4　综合评价

<table>
<tr><th rowspan="2">评价项目</th><th rowspan="2">评价内容及标准</th><th rowspan="2">配分</th><th colspan="3">评分</th></tr>
<tr><th>自我评价</th><th>小组评价</th><th>教师评价</th></tr>
<tr><td rowspan="3">工作组织和管理</td><td>团队合作，合理计划，高效管理时间</td><td>3</td><td></td><td></td><td></td></tr>
<tr><td>定期检查工作进展和成果</td><td>3</td><td></td><td></td><td></td></tr>
<tr><td>保证高质量完成工作</td><td>4</td><td></td><td></td><td></td></tr>
<tr><td rowspan="2">沟通能力</td><td>深度咨询客户，完全理解其要求</td><td>5</td><td></td><td></td><td></td></tr>
<tr><td>提供明确说明，为客户提供书面报告</td><td>5</td><td></td><td></td><td></td></tr>
<tr><td rowspan="2">计划创新能力</td><td>定期检查工作，最小化问题</td><td>5</td><td></td><td></td><td></td></tr>
<tr><td>提出创新性、可行性建议，提高客户满意度</td><td>5</td><td></td><td></td><td></td></tr>
<tr><td rowspan="2">故障诊断能力</td><td>根据设备控制要求，准确确定故障类型、范围</td><td>20</td><td></td><td></td><td></td></tr>
<tr><td>根据设备技术资料正确分析故障原因</td><td>30</td><td></td><td></td><td></td></tr>
<tr><td rowspan="2">排除故障能力</td><td>正确使用、测试、校准测量设备</td><td>5</td><td></td><td></td><td></td></tr>
<tr><td>按照国家标准完成设备线路维修</td><td>15</td><td></td><td></td><td></td></tr>
<tr><td>学生姓名</td><td></td><td colspan="2">综合评价得分</td><td colspan="2"></td></tr>
<tr><td>指导教师</td><td></td><td colspan="2">日期</td><td colspan="2"></td></tr>
</table>

世赛知识

电气装置项目能力要求

电气装置项目要求选手具有安装电工的操作技能，能够按照国家相关电气施工标准，根据施工图纸在模拟工作间完成管路布局安装、电气线路安装、系统编程与调试，并能完成电气设备的检查与维护。具体能力要求为：

1．完成商业、住宅及工业现场不同线路系统的安装。

（1）在物体表面稳固的安装电缆，电缆有均匀的弯曲半径且不变形，电缆接入线槽及设备箱、盒时使用正确的终端配件。

（2）在线槽、刚性导管及柔性导管内安装绝缘导线或绝缘电缆。

（3）在电缆桥架（槽式、网孔式）上安装并固定绝缘电缆。

（4）准确测量并制作指定长度和角度的金属或塑料线槽；正确装配多段线槽，连接处不变形，且尺寸误差、间隙控制在允许范围内；装配不同的终端配件，如在线槽上安装端盖；在物体表面上正确安装不同型号的线槽。

（5）在物体表面稳固地安装金属或 PVC 导管；弯管半径均匀，且不小于 $4R$，导管接入箱、板、槽时不变形，正确使用终端配件。

（6）在物体表面上稳固地安装柔性导管；弯管半径均匀，不使柔性导管变形；柔性导管接入箱、板、槽时，使用正确的终端配件。

（7）在物体表面稳固地安装不同类型的电缆桥架（槽式、网孔式）。

（8）根据所给的施工说明（如布局图等）装配电气控制箱，包含主开关、漏电保护器、小型断路器、控制设备（继电器、计时器等）、熔断器等。

（9）根据电路图，完成配电箱制作及内部端子接线，接线时要求不露铜且安全牢固。

2．完成商业、住宅和工业现场中使用的不同控制装置和插座的安装。

（1）安装控制装置，如控制器、检测器、调节器和开关等。

（2）安装插座，如单相插座、三相插座等。

（3）根据提供的说明，安装和连接其他电气设备。

3．选择合适的工具并正确使用。

4．阅读并修正施工图纸和文件，如布局图、电路图、书面说明等。

5．以安全和专业的方式，规划、安装、检查和调试电气装置。

（1）用提供的图纸和文件，规划施工操作。

（2）根据提供的图纸和文件，安装设备和线路。

（3）在通电之前，检查电气装置，以保证人身及电气安全。检查内容包括：绝缘电阻检查、接地连续性检查、极性检查、目测检查。

（4）完成通电后功能和运行检查。根据提供的说明，检查所安装设备的所有功能，以确保新装置的正确运行。

（5）完成控制程序编写、参数设置。使用提供的编程软件，完成可编程继电器、总线系统等装置的编程；正确设置计时器、过载继电器等装置的参数。

对于线路故障测试，要求理解和完成以下内容：

（1）测试电气装置并确定如下故障：短路、开路、极性错误、绝缘电阻故障、接地连续性故障、设备设置不正确等。

（2）诊断电气装置并确定如下情况：接触不良、接线不正确、高故障环路阻抗、设备故障等。

（3）正确使用、检查和校准测量设备，如：绝缘电阻测试仪、连续性测试仪、万用表、网络线测试仪等。